园林工程施工质量控制要点
及通病防治工作手册

黄　辉　主编

中国建筑工业出版社

图书在版编目（CIP）数据

园林工程施工质量控制要点及通病防治工作手册/
黄辉主编. —北京：中国建筑工业出版社，2014.12
ISBN 978-7-112-17625-0

Ⅰ.①园… Ⅱ.①黄… Ⅲ.①园林-工程施工-工
程质量-质量控制-手册 Ⅳ.①TU986.3-62

中国版本图书馆 CIP 数据核字(2014)第 294264 号

园林工程施工质量控制要点
及通病防治工作手册

黄 辉 主编

＊

中国建筑工业出版社出版、发行（北京西郊百万庄）
各地新华书店、建筑书店经销
北京红光制版公司制版
北京市密东印刷有限公司印刷
＊
开本：850×1168毫米 1/32 印张：3¾ 字数：63千字
2015 年 1 月第一版 2015 年 1 月第一次印刷
定价：**18.00**元
ISBN 978-7-112-17625-0
（26825）

本书作者在总结多年实践经验的基础上，组织专业人员编写该手册，主要内容包括园林工程施工质量控制要点和园林工程质量通病防治两个部分。希望本手册能更好地指导园林工程建设的相关人员迅速、全面地掌握施工和养护管理等方面的专业知识，有效控制园林工程质量通病发生。

＊　　　＊　　　＊

责任编辑：郦锁林　朱晓瑜
责任设计：李志立
责任校对：姜小莲　刘　钰

编 委 会 名 单

主　　编：黄　辉

副 主 编：毛海城

编　　辑：路　奎

编辑委员：马晓斌　严　俊　张　俊

　　　　　高　艳　黄　伟

前　言

在城市面貌日新月异的今天，园林作为城市建设的重要组成部分，在改善城市人居环境、提高城市生态质量、促进城市可持续发展等方面具有不可替代的重要作用。

当下，园林工程逐步演变为集多种专业于一体的综合性行业，要求其建设者必须具备多学科知识和多专业技能，而从目前园林工程从业人员现状来看，专业水平参差不齐、行业标准掌握不透，难以适应园林发展需要，一定程度上制约了园林工程建设事业发展。我们在总结多年实践经验的基础上，组织专业人员编写了《园林工程施工质量控制要点及通病防治工作手册》，手册主要内容包括园林工程施工质量控制要点和园林工程质量通病防治两个部分。

希望本手册能更好地指导园林工程建设的相关人员迅速、全面地掌握施工和养护管理等方面的专业知识，有效控制园林工程质量通病发生，切实提升园林工程建设水平，推动园林行业健康发展。

目　录

第一部分　园林工程施工质量控制要点

第一章　总则 ……………………………………………… 3

第二章　术语 ……………………………………………… 4

第三章　施工准备 ………………………………………… 7

第四章　绿化工程施工质量控制要点 …………………… 9

　第一节　乔木栽植工程施工质量控制要点 …………… 9

　第二节　灌木栽植工程施工质量控制要点 ………… 25

　第三节　花卉地被栽植工程施工质量控制要点 …… 36

　第四节　草坪栽植工程施工质量控制要点 ………… 45

　第五节　水湿生植物栽植工程施工质量控制要点 … 55

　第六节　竹类栽植工程施工质量控制要点 ………… 63

第五章　硬质景观工程施工质量控制要点 …………… 69

　第一节　硬质景观放线及场地放坡质量控制要点 … 69

　第二节　硬质铺装铺设质量控制要点 ……………… 70

第六章　引用标准名录 ………………………………… 75

第二部分　园林工程质量通病防治

第七章　基本要求 ……………………………………… 79

第一节　总则 ···································· 79

第二节　基本规定 ······························ 79

第八章　防治措施 ···························· 81

第一节　园林栽植基础 ························ 81

第二节　园林绿化栽植及养护 ············ 87

第三节　园路及广场 ·························· 93

第四节　园林小品 ···························· 106

第一部分

园林工程施工质量控制要点

第一章 总 则

（1）为了对城市园林工程施工技术和质量进行控制，提高城市绿化种植成活率和硬质景观施工质量，建造城市优美园林景观，节约园林工程建设资金和资源，突出城市园林景观特色，确保城市园林工程施工质量，创建良好和谐的城市生态环境，制定本控制要点。

（2）本控制要点适用于各类新建、改建和扩建园林工程。

（3）为绿化工程配套的构筑物和基础设施工程，应符合国家现行有关标准的规定。

（4）城市园林绿化植物栽植工程的施工除符合本手册要求外，尚应符合国家现行有关强制性标准的规定。

第二章 术 语

1. 种植土

理化性能好，结构疏松、通气，保水、保肥能力强，适宜于园林植物生长的土壤。

2. 客土

将栽植地点或种植穴中不适合种植的土壤更换成适合种植的土壤，或掺入某种土壤改善理化性质。

3. 种植土层厚度

植物根系正常发育生长的土壤深度。

4. 种植穴（槽）

种植植物挖掘的坑穴。坑穴为圆形或方形称种植穴，长条形的称种植槽。

5. 规则式种植

按规则图形对称配植，或排列整齐成行的种植方式。

6. 自然式种植

株行距不等，采用不对称的自然配植形式。

7. 土球

挖掘苗木时，按一定规格切断根系保留土壤呈圆球状，加以捆扎包装的苗木根部。

8. 裸根苗木

挖掘苗木时根部不带土或带宿土（即起苗后轻抖根系保留的土壤）。

9. 假植

苗木不能及时种植时，将苗木根系用湿润土壤临时性填埋的措施。

10. 修剪

在种植前对苗木的枝干和根系进行疏枝和短截。对枝干的修剪称修枝，对根的修剪称修根。

11. 疏剪

将枝条从分枝的基部剪除称疏剪或疏枝。

12. 短截

从枝条上选留一合适的芽后将枝条剪短，以刺激侧芽萌发。

13. 分枝点高度

乔木从地表面至树冠第一个分枝点的高度。

14. 成活率

树苗种植后成活株数占种植总数的百分比。

15. 观赏面

树冠具有较美的观赏的一面。

16. 胸径

乔木主干高度在 1.3m 处的树干直径。

17. 地径

树木的树干贴近地面处的直径。

第三章 施 工 准 备

一、建立质量管控体系

（1）建设单位是工程质量的第一责任人，应当牵头建立健全质量保证体系，依法履行工程质量责任和义务。

（2）监理单位应当按合同和有关规定配备监理人员和相应的检测仪器，依法落实质量监督、检查和验收责任，对关键部位、关键工序实施旁站监理，并进行平行检验。

（3）施工单位应按照规定配备相应的工程项目管理人员和相应的检测仪器，并在现场派驻质量检查员。进场材料未经检验或者检验不合格的，不得使用。关键部位、关键工序隐蔽验收合格后，应当及时填写验收记录并由专人签字。

二、设计交底

（1）施工单位应熟悉图纸，掌握设计意图与要求，参加设计交底。

（2）施工单位对施工图中出现的差错、疑问，应提出书面建议，如需变更设计，应按相应程序报审。

三、现场调查

施工单位进场后应组织施工人员做好现场调查工作，了解现场的地上地下障碍物、管网、地形地貌、土质、控制桩点设置、红线范围、周边情况及现场水源、水质、电源和交通情况。

四、测量放线

（1）应按照园林绿化工程总平面图或建设单位提供的现场高程控制点及坐标控制点，建立工程测量控制网。

（2）各个单位工程应根据建立的工程测量控制网进行测量放线。

（3）施工测量时，施工单位应进行自检、互检双复核，监理单位进行复测。

（4）对原高程控制点及控制坐标应进行保护。

第四章　绿化工程施工质量控制要点

第一节　乔木栽植工程施工质量控制要点

乔木栽植工程一般分为栽植前土壤处理、种植穴挖掘、乔木选择、乔木运输和假植、乔木栽植前修剪、乔木栽植、乔木后期养护管理等内容。

一、栽植前土壤处理

（一）土壤理化性质要求

（1）栽植前应对该区域内土的理化性质进行化验分析，采取相应的土壤改良、施肥或置换客土等措施。

（2）绿化栽植土的有效土层厚度应满足以下要求：

一般栽植：胸径≥20cm　土层厚度≥180cm

胸径＜20cm　土层厚度≥150cm（深根）

土层厚度≥100cm（浅根）

设施顶面绿化：　　　土层厚度≥80cm

（3）栽植基础严禁使用含有有害成分的土壤，除有设施空间绿化等特殊隔离地带，绿化栽植土的有效土层下不得有不透水层。

（4）栽植土应符合下列要求：

1）土壤 pH 值应为 6.5～7.8 之间。

2）土壤全盐含量应为 0.1%～0.3%。

3）土壤密度应为 1.0～1.3g/cm³。

4）土壤有机质含量应大于 2.0%。

5）土壤块径应小于 5cm。

6）栽植土应见证取样，经有资质的检测单位检测并在栽植前取得符合要求的检测结果。

（二）场地清理

乔木栽植前场地清理应符合下列规定：

（1）在各种管线的区域、建（构）筑物周边的绿化用地整理，应在其完工并验收合格后进行。

（2）场地内的渣土、工程废料、宿根性杂草、树根及其他有害污染物应清除干净。

（三）地形造型

（1）回填土及地形造型的范围、厚度、标高、造型及坡度均应符合设计要求。

（2）造型胎土应符合设计要求。

（3）回填土壤应分层适度夯实，或自然沉降达到基本稳定，严禁用机械反复碾压。

（4）地形造型应自然流畅。

（四）栽植土表层处理

（1）栽植土表层不得有明显低洼和积水处。

（2）栽植土的表层应整洁，所含石砾中粒径≥3cm的不得超过10％，粒径＜3cm的不得超过20％，杂草等杂物不应超过10％。

（3）栽植土表层土块粒径　≤5cm（大、中乔木）

　　　　　　　　　　　　　　　≤4cm（小乔木）

（4）栽植土表层应低于路牙、侧石、挡土墙或树池边缘3～5cm。

二、栽植穴挖掘

（一）距离控制

（1）道路交叉口及道路转弯处种植乔木应满足车辆的安全视距。

（2）乔木与架空线的距离应符合相关标准规范的要求。

（3）乔木与地下管线外缘的距离应大于0.95m。

（4）住宅区配套绿地中乔木栽植穴的中心位置与南窗距离应大于6m。

（5）乔木与建筑物、构筑物的最小水平距离，应符合园林绿化规划与设计相关规范的规定。

（二）定点放线

栽植穴的定点放线应符合下列规定：

（1）栽植穴定点放线应符合设计图纸要求，位置必须准确，标记明显。

（2）栽植穴定点时应标明中心点位置。

（3）定点标志应标明树种名称（或代号）、规格。

（4）行道树定点遇有障碍物影响株距时，应与设计单位取得联系，进行适当调整。

（5）规则式种植，栽植穴位置必须排列整齐，横平竖直。行道树定点，行位必须准确。树位中心可用镐刨坑后放白灰。

（6）孤植树定点时，应用木桩标志树穴的中心位置，木桩上写明树种和树穴的规格。

（7）自然式种植，定点放线应按设计意图保持自然，自然式树丛用白灰线标明范围，其位置和形状应符合设计要求。树丛内的树木分布应有疏有密，不得成规则状，三点不得成行，不得成等腰三角形。树丛中应钉一木桩，标明所种的树种、数量、树穴规格。

（三）栽植穴挖掘

（1）栽植穴直径应大于土球或裸根苗根系展幅40～60cm，穴深宜为穴径的 3/4～4/5。穴、槽应垂直下挖，上口下底应相等。

（2）栽植穴挖出的表层土和底土应分别堆放，底部应施基肥并回填表土或改良土。

（3）栽植穴、槽底部遇有不透水层及重黏土层时，应进行疏松或采取排水措施。

（4）土壤干燥时应于栽植前灌水浸穴、槽。

（5）当土壤密度＞1.35g/cm^{3}或渗透系数＜10^{-4}cm/s时，应采取扩大树穴、疏松土等措施。

三、乔木选择

（一）品种及规格要求

乔木种类、品种名称及规格应符合设计要求。

（二）质量要求

（1）严禁使用带有严重病虫害的植物材料，植物材料应基部无病虫害。自外省市及国外引进的植物材料应有植物检疫证。

（2）乔木外观质量应符合表 4-1 的要求。

乔木外观质量要求　　　　表 4-1

序号	项　目	质量要求
1	姿态和生长势	树干符合设计要求，树冠较完整，分枝点和分枝合理，生长势良好
2	病虫害	基本无病虫害
3	土球苗	土球完整，规格符合要求，包装牢固
4	裸根苗根系	根系完整，切口平整，规格符合要求
5	容器苗木	规格符合要求，容器完整、苗木不徒长、根系发育良好不外露

序号	项　目	质量要求
6	整型景观树	姿态独特、曲虬苍劲、质朴古拙，株高不小于150cm，多干式桩景的叶片托盘不少于7～9个，土球完整

（3）乔木规格允许偏差应符合表 4-2 的要求。

乔木规格允许偏差　　　　　　**表 4-2**

项次	项　　目		允许偏差（cm）
1	胸径	≤5cm	−0.2
		6～9cm	−0.5
		10～15cm	−0.8
		16～20cm	−1.0
	高度	—	−20
	冠径	—	−20

四、乔木运输和假植

（一）乔木运输

（1）装运前应仔细核对乔木的品种、规格、数量、质量。外地苗木应事先办理苗木检疫手续。

（2）运输吊装苗木的机具和车辆的工作吨位，必须满足苗木吊装、运输的需要，并应制定相应的安全操作措施。

（3）裸根苗木运输时，应进行覆盖，保持根部湿润。装车、运输、卸车时不得损伤苗木。

（4）带土球苗木装车和运输时排列顺序应合理，捆绑稳固，卸车时应轻取轻放，不得损伤苗木及散球。

（二）乔木假植

（1）苗木运到现场，当天不能栽植的应及时进行假植。

（2）裸根苗可在栽植现场附近选择适合地点，根据根幅大小，挖假植沟假植。假植时间较长时，根系应用湿土埋严，不得透风，根系不得失水。带土球苗木的假植，可将苗木码放整齐，土球四周培土，喷水保持土球湿润。

五、乔木栽植前修剪

乔木的修剪应根据气候条件结合树木特性进行，推广以抗蒸腾剂为主体的免修剪栽植技术或采取以疏枝为主，适度轻剪，保持树体地上、地下部位生长平衡。

（一）落叶乔木

（1）具有中央领导干、主轴明显的落叶乔木应保持原有主尖和树形，适当疏枝，对保留的主侧枝应在健壮芽上部短截，可剪去枝条的 $1/5\sim1/3$。

（2）无明显中央领导干、枝条茂密的落叶乔木，可对主枝的侧枝进行短截或疏枝并保持原树形。

（3）行道树乔木定干高度宜 2.8～3.5m，第一分枝点以下枝条应全部剪除，同一条道路上相邻树木分枝高度应基本统一。

（4）落叶乔木的枝条应从基部剪除，不留木橛，剪口平滑，不得劈裂。

（5）枝条短截时应留外芽，剪口应距留芽位置上方 0.5cm。

（6）修剪直径 2cm 以上大枝及粗根时，截口应涂防腐剂。

（二）常绿乔木

（1）常绿阔叶乔木具有圆头形树冠的可适当疏枝；枝叶集生树干顶部的苗木可不修剪；具有轮生侧枝，作行道树时，可剪除基部 2～3 层轮生侧枝。

（2）松树类苗木宜以疏枝为主，应剪去每轮中过多主枝，剪除重叠枝、下垂枝、内膛斜生枝、枯枝及机械损伤枝；修剪枝条时基部应留 1～2cm 木橛。

（3）柏类苗木不宜修剪，具有双头或竞争枝、病虫枝、枯死枝应及时剪除。

（4）枝条短截时应留外芽，剪口应距留芽位置上方 0.5cm。

（5）修剪直径 2cm 以上大枝及粗根时，截口应涂防腐剂。

（6）行道树乔木定干高度宜2.8～3.5m，第一分枝点以下枝条应全部剪除，同一条道路上相邻树木分枝高度应基本统一。

六、乔木栽植

（一）乔木栽植

1. 种植季节栽植

栽植前应按设计图纸要求核对乔木品种、规格及种植位置；检查栽植穴大小及深度，不符合根系要求时，应修整栽植穴。乔木栽植应符合下列要求：

（1）乔木栽植应根据树木品种的习性和当地的气候条件，选择最适宜的栽植期进行栽植。落叶乔木种植和挖掘应在春季解冻以后、发芽以前或在秋季落叶后冰冻以前进行。常绿乔木的挖掘种植应在春天土壤解冻以后、树木发芽以前，或在秋季新梢停止生长降霜以前进行。

（2）栽植乔木的品种、规格、位置应符合设计规定。

（3）带土球乔木栽植前应去除土球不易降解的包装物。

（4）栽植时应注意观赏面的合理朝向，乔木栽植深度应与原种植线持平。

（5）栽植乔木回填的栽植土应分层踏实。

（6）除特殊景观树外，乔木栽植应保持直立，不得倾斜。

（7）行道树或行列栽植的乔木应在一条线上，相邻植株规格应合理搭配。

（8）对人员集散较多的广场、人行道，乔木种植后栽植池应铺设透气铺装，加设护栏。

（9）树木栽植成活率应高于95％；名贵树木栽植成活率应达到100％。

（10）行道树种植的效果要求为：种植的乔木应保持直立，不得倾斜，乔木定向应选丰满完整的面，朝向主要视线。乔木必须为全冠，树干笔直，分支点高度统一，乔木高度统一，树型整体效果统一，不缺边，不偏冠，树干保持一字型种植。

（11）点景树种植要求：满足图纸规格要求，并且形态优美，树冠饱满，分支较为均匀、舒展自然。

（12）中层乔木的种植要求：冠形饱满，枝叶繁茂，满足图纸的规格要求，种植时成组团布置，搭配形成层次丰富的效果。

2. 非种植季节栽植

非种植季节栽植时，应根据情况采取如下措施：

（1）可提前环状断根进行处理或在适宜季节起苗，

用容器假植，带土球栽植。

（2）应进行适当修剪并应保持原树冠形状，剪除部分侧枝，保留的侧枝应进行短截，并适当加大土球体积。

（3）可摘叶的应摘去部分树叶，但不得伤害幼芽。

（4）夏季可采取遮荫、树木裹干保湿、树冠喷雾或喷施抗蒸腾剂，减少水分蒸发；冬季应采取防风防寒措施。

（5）掘苗时根部可喷布促进生根激素，栽植时可加施保水剂，栽植后树体可注射营养剂。

（二）乔木浇灌水

（1）乔木浇灌水后应在栽植穴直径周围做好围堰，堰应筑实。

（2）浇灌水的水质应符合现行国家标准《农田灌溉水质标准》GB 5084 的规定。

（3）每次浇灌水量应满足乔木成活及生长需要。

（4）新栽乔木应在浇透水后及时封堰，以后根据当地情况及时补水。一般浇水三遍：第一遍水，水量不易过大，水流速度要缓慢，使土下沉，反复多次浇灌，直至浇透；栽后2～3天内完成第二遍水；一周内完成第三遍水。水量要足，每次浇水后要注意整堰，填土堵漏。

（5）对浇水后出现的树木倾斜，应及时扶正，并加以固定。

（三）乔木裹杆

干径 5cm 以上的乔木，种植后在主干和一、二级主枝用草绳或新型软性保湿材料紧密卷缠，保护主干和主枝，缠干要整齐等距。成活后一年清除，保持树木整洁。

（四）搭设支撑

乔木支撑应符合下列规定：

（1）应根据立地条件和树木规格进行三角支撑、四柱支撑、联排支撑及软牵拉。

（2）支撑物的支柱应埋入土中不少于 30cm，支撑物、牵拉物与地面连接点的连接应牢固。

（3）连接树木的支撑点应在树木主干上，其连接处应衬软垫，并绑缚牢固。

（4）支撑物、牵拉物的强度能够保持支撑有效；用软牵拉固定时，应设置警示标志。

（5）同规格同树种的支撑物、牵拉物的长度、支撑角度、绑缚形式以及支撑材料宜统一。

七、后期养护管理

（一）制定养护管理计划

乔木栽植后的养护管理工作特别重要，栽后第一年是关键，养护管理工作应围绕以提高成活率为中心，首先应有必要的资金和组织保证。设立专人，制定具体养护措施，进行养护管理，养护计划应包括下列内容：

（1）根据植物习性和墒情及时浇水。

（2）结合中耕除草，平整树台。

（3）加强病虫害观测，控制突发性病虫害发生，主要病虫害防治应及时。

（4）根据植物生长情况应及时追肥、施肥。

（5）树木应及时剥芽、去蘖、疏枝整形。

（6）对树木应加强支撑、绑扎及裹干措施，做好防强风、干热、洪涝、越冬防寒等工作。

（二）精心养护管理

1. 树体保护

（1）对树体上出现的伤口应清理后用药剂消毒，涂保护剂或抹灰膏，做到早治，防止扩大。

（2）发现树洞要及时修补，防止腐朽进一步扩大；对腐烂部位应按外科方法进行处理。

2. 及时浇水

（1）浇水应及时，水量充足，视树木生长需要和气候变化而定，浇后应中耕或封堰，常绿树还要注意叶面喷水，雨季时还应注意排涝，树堰内不得有积水。

（2）对水分和空气湿度要求较高的树种，需在清晨或傍晚进行浇水，有条件的可进行叶面喷雾。

（3）夏季浇水宜早、晚进行；冬季浇水宜在中午进行。浇水要一次浇透，特别是春、夏季节。浇水水流不能过急，以防止地表径流。

3. 松土除草

（1）乔木下的大型杂草应铲除，特别是树木危害严重的各类藤蔓，例如菟丝子等寄生植物必须铲除。

（2）乔木根部周围的土壤要保持疏松，易板结的土壤在蒸腾旺季须每月松土一次，松土深度以不伤根系生长为限。种植在草坪内的乔木须及时在树穴周围对草坪切边。

（3）松土除草应选在晴朗或初晴天气，且土壤不过分潮湿（一般在土壤含水50%）的时候进行，不得在土壤混凝状态进行，以免破坏土壤结构。

（4）除掉的杂草要及时清理，运走、掩埋或异地制作肥料。

4. 施肥

（1）乔木生长期可按植株的生长势施追肥。

（2）施肥量根据不同树种、树龄、生长势和土壤理化性状而定。

（3）乔木施肥应先挖好施肥环沟，其外径与冠幅相适应。环沟深、宽均为25～30cm。除根外施肥外，肥料不得触及树叶，施肥宜在晴天进行。

5. 修剪整形

（1）修剪能调整树形，均衡树势，调节树木通风透光和肥水分配，促使树木生长茁壮。整形是通过人为的手段使植株形成特定的形态。各类绿地中的乔木修剪以自然树形为主，凡因观赏要求对树木整形，可根据树木生长发育的特性，将树冠或树体培养成一定形状。

（2）乔木主要修剪内膛肢、徒长枝、病虫枝、交叉枝、下垂枝、扭伤枝及枯枝烂头。道路行道树枝下高度应根据道路的功能严格控制，遇有架空线按杯状形修剪，做到分枝均匀、树冠圆整。

（3）枝条修剪时，切口必须靠节，剪口应在剪口芽的反侧呈45°倾斜，剪口要平整，并涂抹园林用的防腐剂。对于粗壮的大枝应采取分段截枝法，防止扯裂树皮，操作时要注意安全。

（4）休眠期修剪以整形为主，可稍重剪；生长期修剪以调整树势为主，宜轻剪。

（5）在树木生长期要进行剥芽、去蘖、疏枝等工作，不定芽不得超过20cm，剥芽时不得拉伤树皮。

（6）修剪剩余物要及时清理干净，保证作业现场洁净。

6. 病虫害防治

对易发生病虫害的树木，应有专人经常观察，采取措施及时防治。园林植物病虫害防治，应采用生物防治方法和生物农药及高效低毒农药，严禁使用剧毒农药。

7. 成品保护

加强看管维护，防止自然灾害与人为破坏。对生长不良、枯死、损坏、缺株的乔木应及时更换或补栽，用于更换及补栽的乔木应和原植株的品种、规格一致。

8. 防护设施

（1）为防止车辆和人为破坏绿地和碰撞树木，可在不影响游览、观赏和景观的前提下，在乔木周围用各种栅栏、绿篱或其他形式围栏防护。

（2）应根据高大乔木的实际情况，分别采取立支柱、绑扎、加土、扶正、疏枝、打地桩等综合措施。预防工作应在六月下旬前做好。整个台风季节，应随时检查，发现问题及时解决。

（3）应急抢险：①风暴来临时，应将已倒伏而影响交通的乔木顺势拉到人行道，及时修剪树冠部分枝条，尽量保证行路方便。②风暴后，应分轻重缓急进行抢救。首先对妨碍交通和行将倒伏的乔木进行抢救；对于就地种植难以成活的乔木，应将树冠强截后送苗圃种植养护，对树体歪倒的树木及时扶正。

（4）易受冻害的树木，冬季应采取根际培土、主干包扎、设防风障等防寒措施，防寒工作应在12月底前结束。

（5）枝叶积雪应及时清除，有倒伏危险的乔木应立支撑保护。

第二节　灌木栽植工程施工质量控制要点

灌木栽植工程一般分为栽植前土壤处理、种植穴、槽挖掘、灌木选择、灌木运输和假植、灌木栽植前修剪、灌木栽植、灌木后期养护管理等内容。

一、栽植前土壤处理

（一）土壤理化性质要求

（1）栽植前应对该区域内土壤理化性质进行化验分析，采取相应的土壤改良、施肥或置换客土等措施。

（2）绿化栽植土壤有效土层厚度应满足以下要求：

一般栽植：大、中灌木　土层厚度≥90cm

小灌木　土层厚度≥40cm

设施顶面绿化　　　　　土层厚度≥45cm

（3）栽植基础严禁使用含有有害成分的土壤，除有设施空间绿化等特殊隔离地带，绿化栽植土壤有效土层下不得有不透水层。

（4）栽植土应符合下列要求：

1）土壤 pH 值应为 6.5～7.8 之间。

2）土壤全盐含量应为 0.1%～0.3%。

3）土壤密度应≤1.3g/cm³。

4）土壤有机质含量应大于2.0％。

5）土壤块径大中灌木应小于4cm；小灌木应小于3cm。

6）栽植土应见证取样，经有资质检测单位检测并在栽植前取得符合要求的检测结果。

（二）场地清理

灌木栽植前场地清理应符合下列规定：

（1）在各种管线的区域、建（构）筑物周边的绿化用地整理，应在其完工并验收合格后进行。

（2）场地内的渣土、工程废料、宿根性杂草、树根及其有害污染物应清除干净。

（三）地形造型

（1）回填土及地形造型的范围、厚度、标高、造型及坡度均应符合设计要求。

（2）造型胎土应符合设计要求。

（3）回填土应分层适度夯实，或自然沉降达到基本稳定，严禁用机械反复碾压。

（4）地形造型应自然流畅。

（四）栽植土表层处理

（1）栽植土表层不得有明显低洼和积水处，花坛、花境栽植地30cm深的表土层必须疏松。

（2）栽植土的表层应整洁，所含石砾中粒径≥3cm

的不得超过 10％，粒径＜3cm 的不得超过 20％，杂草等杂物不应超过 10％。

（3）栽植土表层土块粒径　≤4cm（大、中灌木）

　　　　　　　　　　　　　　≤3cm（小灌木）

（4）栽植土表层与道路（挡土墙或侧石）接壤处，栽植土应低于侧石 3～5cm，栽植土与边口线基本平直。

（5）栽植土表层整地后应平整略有坡度，当无设计要求时，其坡度宜为 0.3％～0.5％。

二、栽植穴、槽挖掘

（一）距离控制

（1）道路交叉口及道路转弯处种植灌木应满足车辆的安全视距。

（2）住宅区配套绿地灌木种植穴的位置应保证灌木边缘与窗的距离大于 0.5m。

（二）定点放线

栽植穴、槽的定点放线应符合下列规定：

（1）栽植穴、槽定点放线应符合设计图纸要求，位置必须准确，标记明显。

（2）片植灌木应标明边缘线，线型应自然流畅。

（三）栽植穴、槽挖掘

（1）穴、槽应垂直下挖，上口下底应相等，规格应符合表 4-3 的要求。

花灌木种植穴规格 表 4-3

冠径（cm）	高度（cm）	种植穴深度（cm）	种植穴直径（cm）
100	150～180	60～70	70～90
150	181～200	71～80	91～110
200	201～250	81～90	111～130

（2）栽植穴、槽底部遇有不透水层及重黏土层时，应进行疏松或采取排水措施。

三、灌木选择

（一）品种及规格要求

灌木种类、品种名称及规格应符合设计要求。

（二）质量要求

（1）严禁使用带有严重病虫害的植物材料，植物材料应基本无病虫害。自外省市及国外引进的植物材料应有植物检疫证。

（2）灌木外观质量应符合表 4-4 的要求。

灌木外观质量要求 表 4-4

序号	项　目	质　量　要　求
1	姿态和生长势	符合设计要求，树冠较完整，分枝点和分枝合理，生长势良好

序号	项 目	质 量 要 求
2	病虫害	基本无病虫害
3	土球苗	土球完整，规格符合要求，包装牢固
4	裸根苗根系	根系完整，切口平整，规格符合要求
5	容器苗木	规格符合要求，容器完整、苗木不徒长、根系发育良好不外露
6	绿篱及模纹色块植物	株型苗壮，根系基本良好，无伤苗，茎、叶无污染，基本无病虫害
7	整型景观树	姿态独特、曲虬苍劲、质朴古拙，株高不小于150cm，多干式桩景的叶片托盘不少于7~9个，土球完整

（3）灌木规格允许偏差应符合表4-5的要求。

灌木规格允许偏差 表4-5

项次	项 目			允许偏差（cm）
1	灌木	高度	≥100cm	—10
			<100cm	—5
		冠径	≥100cm	—10
			<100cm	—5
2	球类	冠径	<50cm	0
			50~100cm	—5
			110~200cm	—10
			>200cm	—20

项次	项	目		允许偏差（cm）
2	球类	高度	<50cm	0
			50～100cm	-5
			110～200cm	-10
			>200cm	-20

四、灌木运输和假植

（一）灌木运输

（1）装运前应仔细核对灌木的品种、规格、数量、质量。外地苗木应事先办理苗木检疫手续。

（2）灌木运输时，应进行覆盖，保持根部湿润。装车、运输、卸车时应轻取轻放，不得损伤苗木及散球。

（二）灌木假植

（1）灌木运到现场，当天不能栽植的应及时进行假植。

（2）裸根苗可在栽植现场附近选择适合地点，根据根幅大小，挖假植沟假植。假植时间较长时，根系应用湿土埋严，不得透风，根系不得失水。带土球苗木的假植，可将苗木码放整齐，土球四周培土，喷水保持土球湿润。

五、灌木栽植前修剪

灌木修剪应符合下列规定：

（1）有明显主干型灌木，修剪时应保持原有树型，主枝分布均匀，主枝短截长度宜不超过 1/2。

（2）丛枝型灌木预留枝条宜大于 30cm。多干型灌木不宜疏枝。

（3）绿篱、色块、造型苗木，在种植后应按设计高度整形修剪。

（4）花灌木修剪，以疏剪老枝为主，短截为辅。对上年花芽分化的花灌木不宜作修剪，对新枝当年形成花芽的应顺其树势适当强剪，促生新枝，更新老枝。

六、灌木栽植

（一）灌木栽植

1. 种植季节栽植

栽植前应按设计图纸要求核对灌木品种、规格及种植位置。灌木栽植应符合下列要求：

（1）灌木栽植应根据灌木品种的习性和当地的气候条件，选择最适宜的栽植期进行栽植。

（2）栽植的品种、规格、密度和位置应符合设计规定。

（3）绿篱及色块栽植时，株行距、苗木高度、冠幅大小应均匀搭配，树形丰满的一面向外，修剪整齐。

（4）灌木与草坪之间应切边，切边应由草坪一边向灌木一侧倾斜45°，深应为10～15cm，切边应宽窄一致，线条和顺。

（5）灌木必须满足图纸规格及密度要求，效果上要求不露土，不同品种灌木之间的过渡自然平缓，与硬景交接处不露土。

（6）灌木边缘线与草坪界线清晰，种植轮廓形式优美，与图纸吻合。不同种类植物以直线或弧线连接，层次分明，衔接过渡自然，待修剪后，不同植物构成的造型恰当，比例协调。

2. 非种植季节栽植

非种植季节栽植时，应根据情况采取如下措施：

（1）落叶灌木应进行适当修剪并应保持原树冠形态。

（2）可摘叶的应摘去部分树叶，但不得伤害幼芽。

（3）夏季可采取遮荫、树冠喷雾或喷施抗蒸腾剂，减少水分蒸发；冬季应采取防风防寒措施。

（二）灌木浇灌水

（1）浇灌水的水质应符合现行国家标准《农田灌溉水质标准》GB 5084 的规定。

（2）每次浇灌水量应满足植物成活及生长需要。

（3）新栽苗木一般浇水三遍：第一遍水，水量不易过大，水流速度要缓慢，使土下沉，反复多次浇灌，直至浇透；栽后2～3天内完成第二遍水；一周内完成第三遍水。

（4）对浇水后出现的树木倾斜，应及时扶正，并加以固定。

七、后期养护管理

（一）制定养护管理计划

灌木栽植后应设立专人，制定具体养护措施，进行养护管理，养护计划应包括下列内容：

（1）根据植物习性和墒情及时浇水。

（2）加强病虫害观测，控制突发性病虫害发生，主要病虫害防治应及时。

（3）根据植物生长情况应及时追肥、施肥。

（4）树木应及时剥芽、去蘖、疏枝整形。

（5）及时清除残花败叶，植株生长健壮。

（6）做好防强风、干热、洪涝、越冬防寒等工作。

（二）精心养护管理

1. 灌溉排水

（1）浇水应及时，水量充足，视灌木生长需要和气候变化而定，高温季节还要注意叶面喷水，雨季时还应注意排涝。

（2）对水分和空气湿度要求较高的品种，需在清晨或傍晚进行浇水，有条件的可进行叶面喷雾。

（3）夏季浇水宜早、晚进行；冬季浇水宜在中午进行。浇水要一次浇透，特别是春、夏季节。浇水水流不能过急，以防止地表径流。

2. 松土除草

（1）大型杂草应铲除，特别是危害严重的各类藤蔓，例如菟丝子等寄生植物必须铲除。

（2）灌木根部周围的土壤要保持疏松，易板结的土壤在蒸腾旺季须每月松土一次，松土深度以不伤根系生长为限。

（3）松土除草应选在晴朗或初晴天气，且土壤不过分潮湿（一般在土壤含水 50％）的时候进行，不得在土壤混凝状态进行，以免破坏土壤结构。

（4）除掉的杂草要及时清理，运走、掩埋或异地制作肥料。

3. 施肥

（1）灌木休眠期和种植前，需施基肥。生长期可按植株的生长势施追肥，花灌木应在花前、花后进行施肥。

（2）施肥量根据不同树种、树龄、生长势和土壤理化性状而定。

4. 修剪整形

（1）修剪能调整树形，均衡树势，调节树木通风透光和肥水分配，促使树木生长苗壮。整形是通过人为的手段使植株形成特定的形态。各类绿地中的灌木修剪以自然树形为主，凡因观赏要求对树木整形，可根据树木生长发育的特性，将树冠或树体培养成一定形状。

（2）灌木修剪应促枝叶繁茂、分布均匀。花灌木修剪要有利于短枝和花芽的形成，遵循"先上后下、先内后外、去弱留强、去老留新"的原则进行修剪。

（3）绿篱修剪应促其分枝，保持全株枝叶丰满，也可作整形修剪、线条整齐、特殊造型的绿篱要逐步修剪成形。修剪次数视绿篱生长情况而定。

（4）休眠期修剪以整形为主，可稍重剪；生长期修剪以调整树势为主，宜轻剪。

（5）修剪剩余物要及时清理干净，保证作业现场洁净。

5. 病虫害防治

对易发生病虫害的树木，应有专人经常观察，采取措施及时防治。园林植物病虫害防治，应采用生物防治方法和生物农药及高效低毒农药，严禁使用剧毒农药。

6. 成品保护

加强看管维护，防止自然灾害与人为破坏。对生长不良、枯死、损坏、缺株的苗木应及时更换或补栽，用于更换及补栽的灌木应和原植株的品种、规格一致。

第三节　花卉地被栽植工程施工质量控制要点

花卉地被栽植工程一般分为栽植前土壤处理、花卉地被选择、花卉地被栽植、后期养护管理等内容。

一、栽植前土壤处理

（一）土壤理化性质要求

（1）栽植前应对该区域内土壤理化性质进行化验分析，采取相应的土壤改良、施肥或置换客土等措施。

（2）绿化栽植土壤有效土层厚度应满足以下要求：

一般栽植：花卉、地被　　　　土层厚度≥30cm

设施顶面绿化：花卉、草本地被　土层厚度≥15cm

（3）栽植基础严禁使用含有有害成分的土壤，除有设施空间绿化等特殊隔离地带，绿化栽植土壤有效土层下不得有不透水层。

（4）栽植土应符合下列要求：

1）土壤 pH 值应为 6.0～7.5 之间。

2）土壤全盐含量应为 0.1%～0.3%。

3）土壤密度应为 1.0～1.2g/cm³。

4）土壤有机质含量应大于 2.5%。

5）土壤块径应小于 2cm。

6）栽植土应见证取样，经有资质的检测单位检测并在栽植前取得符合要求的检测结果。

（二）场地清理

花卉地被栽植前场地清理应符合下列规定：

（1）在各种管线的区域、建（构）筑物周边绿化用地整理，应在其完工并验收合格后进行。

（2）场地内的渣土、工程废料、宿根性杂草、树根及其有害污染物应清除干净。

（3）土壤必须经过消毒，严禁含有病菌或对植物、人、动物有害的有毒物质。

（4）种植土和花苗土的干湿度应符合要求。

（5）必须按设计要求对地形进行整理，做到表土平整、排水良好。

（6）土壤的坡度应满足景观与植物生长的需求。清除杂质，施入有机肥，花卉周边土壤应低于挡土墙 3～5cm。

（三）地形造型

（1）回填土及地形造型的范围、厚度、标高、造型及坡度均应符合设计要求。

（2）造型胎土、栽植土应符合设计要求。

（3）回填土应分层适度夯实，或自然沉降达到基本稳定，严禁用机械反复碾压。

（4）地形造型应自然流畅。

（四）栽植土表层处理

（1）栽植土表层不得有明显低洼和积水处，花坛、花境栽植地30cm深的表土层必须疏松。

（2）栽植土的表层应整洁，所含石砾中粒径大于3cm不得超过10％，粒径小于3cm不得超过20％，杂草等杂物不应超过10％。

（3）栽植土表层土块粒径小于2cm。

（4）栽植土表层与道路（挡土墙或侧石）接壤处，栽植土应低于侧石3～5cm，栽植土与边口线基本平直。

（5）栽植土表层整地后应平整略有坡度，当无设计要求时，其坡度宜为0.3％～0.5％。

二、花卉地被选择

（一）品种及规格要求

花卉地被种类、品种名称及规格应符合设计要求。

（二）质量要求

（1）严禁使用带有严重病虫害的植物材料，植物材料应基本无病虫害。自外省市及国外引进的植物材料应有植物检疫证。

（2）花卉地被外观质量应符合表4-6的要求。

序号	项 目	质 量 要 求
1	花卉地被	株型苗壮，根系基本良好，无伤苗，茎、叶无污染，基本无病虫害

花卉地被质量要求　　　　表 4-6

（3）花卉地被种子质量应符合以下要求：

1）种子应注明品种、产地、生产者、采收年份、品种质量、播种质量及发芽率。

2）混有病虫害的种子不得用以播种。

（4）草花材料准备应符合以下要求：

1）地栽花苗起掘应带宿土，用容器运输，防止机械损伤。

2）对备用花苗应根据其品种、高度、篷径、花色等进行整理，并放在荫凉处。

（5）多年生花卉栽植前，应进行适当修剪，如除去伤根、烂根、枯根、上部的枯叶或部分老叶。

三、花卉地被栽植

（一）栽植时间

栽植时间应符合以下要求：

（1）草花夏季栽植应在清晨、傍晚或阴天进行，冬季栽植应在中午前后进行。

（2）草花种子直播应在适宜的春季或秋季进行。

（二）栽植顺序

栽植顺序应符合以下要求：

（1）较大的地块可分区、分规格、分块栽植。可据实际情况采用先中间后四周，或先里边后外边，或先高处后低处栽植。

（2）模纹花坛应先栽好图案轮廓线，再进行填充。

（3）坡式花坛应由上向下栽植。

（4）高矮不同品种的花苗混植时，应先高后矮的顺序栽植。

（5）宿根花卉与一、二年生花卉混植时，应先栽植宿根花卉，后栽一、二年生花卉。

（三）栽植密度

栽植密度应符合以下要求：

（1）花卉地被的栽植密度应符合设计要求。

（2）花苗宜梅花状种植，一、二年生草花之间应留出 3～5cm 空隙；多年生草本花卉之间应留出相邻植物一个季节生长所需的空间；地被植物栽植应适当密植。

（3）草花种子直播应保持种子均匀，密度适当；播后覆土厚度宜为种子直径的 2 倍。

（四）栽植深度

栽植深度应符合以下要求：

（1）必须保持花苗原栽植深度，严禁栽植过深、过浅。

（2）栽植穴应稍大，使根系舒畅伸展，不得折曲花苗根部。

（3）盆栽苗栽前应除去花盆及垫片。

（4）栽后填土应充分压实，使穴面与地面基本相平。

（五）花坛栽植质量要求

花坛栽植应符合以下要求：

（1）栽植图案应符合设计要求。

（2）花坛每次换花期间黄土裸露应小于3天，期间黄土裸露部位应进行覆盖。

（3）重要地段花坛内应无缺株倒伏的花苗，无枯枝残花。其他地段花坛内缺株倒伏的花苗应小于5%，枯枝残花量应小于5%。

（六）花境栽植质量要求

（1）栽植图案应符合设计要求。

（2）重要地段花境全年观赏期应大于250天，三季有花，其中可以某一季为主花期。其他地段花境全年可以某一季为主花期，观赏期应大于200天。

（3）重要地段花境内枯枝残花量应小于5%。其他地段花境枯枝残花量应小于8%。

（七）地被栽植质量要求

地被栽植应符合以下要求：

（1）栽植图案应符合设计要求。

（2）植株低矮，覆盖度大。

（3）植株高度不宜大于 1m。

（八）浇水

花卉地被栽植后应及时浇水，并应保持植株茎叶清洁。

四、后期养护管理

（一）制定养护管理计划

花卉地被栽植后应设立专人，制定具体养护措施，进行养护管理，养护计划应包括下列内容：

（1）根据植物习性和墒情及时浇水。

（2）加强病虫害观测，控制突发性病虫害发生，主要病虫害防治应及时。

（3）及时除草。

（4）根据植物生长情况应及时追肥、施肥。

（5）应及时整理修剪。

（二）精心养护管理

1. 水分管理

（1）花卉地被栽后应及时浇足水分，第二天必须再浇一次透水（除下大雨外）。花卉生长期、久旱无雨或土壤干旱时，应及时浇水；浇水可视天气情况、植物品种、种植地点、介质状况等而定，宜 3～7 天浇水一次。

（2）夏季浇水应清晨和傍晚进行，早上 10 点以前，下午 4 点以后；冬季浇水应午间进行，上午 10 点以后，下午 3 点以前。

（3）浇水压力不宜过大，浇水时应防止将泥土冲到花卉茎叶上；浇水应湿透根系。

（4）气温高、空气湿度低时，宜早晚进行喷雾。

（5）梅雨、暴雨季节应注意检查，如有积水应立即采用开沟等方式排水。

2. 病虫害防治

及时做好病虫害的防治工作，应采用生物防治方法和生物农药及高效低毒农药，严禁使用剧毒农药。

3. 及时除草

地被植物已基本覆盖黄土后，应及时挖除植株间大型、恶性、缠绕性杂草及高于地被植物的杂草。

4. 松土施肥

（1）松土应选择晴天且土壤不过湿的情况下进行，松土时不能伤根及造成根系裸露。

（2）种植多年生花卉，每年冬季宜施入腐熟的有机肥，用量为 $1.0～1.5 kg/m^2$。

（3）施肥宜在晴天进行。发芽前、生长期或花后应适当追肥；盛花期不宜施肥；地被修剪后宜追施复合有机肥。

5．整理修剪

（1）每周应进行1～2次残花、枯黄叶片的修剪。

（2）有缺株应及时按原品种、原规格补植，并与周围植物相协调。

（3）模纹花坛应加强修剪。

（4）多年生花卉萌芽期应注意保护新生嫩芽；对花境、地被植物应根据设计要求，随时进行整形疏枝，并及时剪除病虫株。对部分多年生花卉，及时修剪促进二次开花；对部分冬眠品种应及时修剪地上部分。

（5）多年生花卉应根据其习性及时更新翻种；地被植物应保持高度整齐。

（6）花卉死亡应立即挖除。

6．其他措施

（1）枯萎的花蒂、黄叶、杂草、垃圾应及时清除。

（2）花坛、花境、地被与草坪之间的切边线条应流畅、深宽应适宜。

（3）球根类花卉的种球，宜在叶子变黄后及时挖出，消毒处理后置于通风阴干处储藏。

（4）易倒伏的花卉应立支柱绑扎，偏高的花卉可施用矮壮素。

（5）地被空秃大于 0.5m²，应及时查清原因，翻松空秃处土壤或换土补植。

第四节　草坪栽植工程施工质量控制要点

普通草坪栽植工程

草坪栽植工程一般分为草种选择、场地准备、排水及灌水设置、铺栽草坪和后期养护管理等内容。

一、草种选择

（一）暖地型草坪

热带和亚热带气候条件上生长的草种，适于 25～35℃。耐踏性优于冷季型草坪，冬季地上部枯黄，次年3月下旬返青。

（二）冷地型草坪

温带气候条件下生长的草种，适于 15～25℃。耐踏性相对较低，生长迅速，需经常修剪，夏季有短暂的休眠期。

二、场地准备

（一）场地清理

对场地进行全面调查，清除各类垃圾并应根据土壤理化性质采取相应措施：

（1）对 pH 值＜6 或＞7.5 的土壤，应采用石灰、草木灰或酸性介质进行土壤改良，使土壤栽植层内达到 pH 值为 6～7.5。

（2）总孔隙度＜50％的土壤，必须采用有机质或疏松介质加以改良，如重黏土和粉末结构土应加入 30％～40％的粗砂。

（3）对有机质低于 2％的土壤，应施腐熟的有机肥或含丰富有机质的介质，调整到有机质含量≥2％。

（4）石砾粒径≤2cm，石砾含量≤10％。

（二）地形造型

（1）回填土及地形造型的范围、厚度、标高、造型及坡度均应符合设计要求。

（2）造型胎土应符合设计要求。

（3）回填土应分层适度夯实，或自然沉降达到基本稳定，严禁用机械反复碾压。

（4）地形造型应自然流畅。

（三）有效土层厚度控制

草坪的一般主导植物是低矮的草本，没有粗大主根，与乔灌木相比根系浅。草坪植物的根系 80％分布在 40cm 以上的土层中，而且 50％以上是在地表下 20cm 的范围内。为了使草坪保持优良的质量，减少管理费用，应尽可能使土层厚度达到 40cm 左右，不小于 30cm。

（四）土地的平整与耕翻

这一工序的目的是为草坪植物的根系生长创造条件。步骤是：

（1）杂草与杂物的清除。清除目的是为了便于土地的耕翻与平整，但更主要的是为了消灭多年生杂草，为避免草坪建成后杂草与草坪草争水分、养料，所以在草坪栽植前应彻底加以消灭。此外还应把瓦块、石砾等杂物全部清出场地外。瓦砾等杂物多的土层应用 20mm×20mm 网筛过一遍，以确保杂物除净。

（2）初步平整、施基肥及耕翻。在清除了杂草、杂物的地面上应初步作一次起高填低的平整，平整后撒施基肥，然后普遍进行一次耕翻。从而使得土壤疏松、通气良好，有利于草坪植物的根系发育，也便于播种或栽草。

（3）更换杂土与最后平整。在耕翻过程中，若发现局部地段土质欠佳或混杂的杂土过多，则应换土。

（4）为了确保新设草坪的平整，在换土或耕翻后应灌一次透水或滚压二遍，使高低不同的地方凸现出来，以利最后调整至平整。

三、排水及灌水设置

草坪与其他种植场地一样，需要考虑排除地面水问题。因此，平整地面时，要考虑地面排水问题：不能有低凹处，以避免积水；做成水平面也不利于排水；草坪多利用缓坡来排水。面积≤2000m² 的草坪，可利用地形自然排水，其坡度宜为 0.3‰～0.5‰。面积在 2000m² 以上的草坪，建议建永久性坡度为 0.5‰的地下排水系统，与市政排水管接通。

面积在 2000m² 以上的建议安装自动喷灌，安装时应计算好给水范围和适当的喷头、水压与扬程，并设置移动水管进行人工补浇。

四、草坪栽植

(一) 播种草坪

(1) 选择适合本地的优良种子；种子纯净度应达到95％以上；冷地型草坪种子发芽率应达到85％以上，暖地型草坪种子发芽率应达到70％以上。

(2) 播种前应做发芽试验和催芽处理，确定合理的播种量；并对种子进行消毒、杀菌。

(3) 播种时应先浇水浸地，保持土壤湿润，并将表层土耧细耙平。

（4）用等量沙土与种子拌匀进行播撒，播种后应均匀覆细土 0.3～0.5cm 并压实。

（5）播种后应及时喷水，种子萌发前，干旱地区应每天喷水 1～2 次，水点宜细密均匀，浸透土层 8～10cm，保持土表湿润，不应有积水，出苗后可减少喷水次数。

（二）草卷及草块铺设

（1）草卷及草块根系带土厚度应均匀。

（2）按照设计要求在栽植土表层铺设一定厚度的细砂，细砂厚度不宜超过 0.4cm，进行滚压后使用木板或扫帚进行找平。

（3）进行草卷或草块铺设。铺设草卷、草块应相互衔接不留缝，高度一致；间铺应缝隙均匀，并填以栽植土。

（4）草块、草卷在铺设后应进行滚压或拍打，要与土壤密切接触。

（5）铺设草块、草卷后应及时浇透水，浸湿土壤厚度应大于 10cm。

五、后期养护管理

（一）灌溉、排水

（1）灌溉必须湿透根系层，应浸湿的土层深度为

100mm，不发生地面长时间积水。

（2）灌溉量应根据土质、生长期、草种等因素确定。

灌溉时期和灌溉时间可按下列规定：

1）冷地型草，春秋两季充分浇水，保持生长。夏季适量浇水，宜早晨浇，安全越夏。

2）暖地型草，夏季勤浇水，宜早、晚浇，保持生长。

（3）灌溉方式：应以喷灌为主，也可用浸灌的方法。

（二）修剪

（1）草坪草长到 60～70mm 时，应进行修剪，修剪后高度冷地型宜为 50mm，暖地型宜为 40mm。

（2）大面积草坪修剪应用铡草机，严禁使用割灌机。

（三）清除杂草

（1）应及时清除杂草，除早、除小、除净。

（2）清除杂草的方法有：人工除杂草、生物除杂草、机械除杂草和化学除杂草，宜以生物除草和机械除草为主，特殊需要也可用人工除草。

（四）施肥

（1）冷地型草种追肥宜在春季和秋季，暖地型草种的施肥宜在晚春。

（2）追肥应以复合肥料为主。追肥的时间和数量可根据土壤肥力、草种和幼苗生长等情况而定。

（3）早春、晚秋可施有机肥。

（4）施肥方法可撒施和根外追肥。

（五）病虫害防治

（1）病害及虫害的防治都应以预防为主，防治结合。

（2）对各种不同的病虫害的防治可根据具体情况选择无公害药剂或高效低毒的化学药剂。

（3）保护和保存病虫害天敌，维持生态平衡，应采用生物防治。

运动场草坪栽植工程

运动场草坪包括足球场、田径场、棒球场、橄榄球场以及赛马场、高尔夫球场等，这些运动场地都要求能经受频繁且较为强烈的践踏，恢复能力较强。运动场的建植管理基本相同，以足球场草坪的建植方法为例。

一、前期准备与设计

在场地规划之前，必须进行现场察看，搜集并了解当地的水文气象资料和场地周围的环境。在基本了解上述情况之后综合考虑各种因素，然后做出既能满足使用要求又能满足建设方投资概算要求和养护能力的经济、实用的运动场场地设计，包括球场的结构标高、排灌水系统、种植砂层厚度以及草坪草种的选择等。

二、场地建设

（一）基础

原土层基础和原土层的平实情况对草坪后期的平展度起着决定性的作用。因此，基础原土层要求 30cm 内无大的砾石垃圾，并要求对整个场地进行夯实压实，然后按标高及坡度要求（多雨地区坡度为 0.5%～0.7%、其他地区坡度为 0.3%～0.5%），每 10m 立 1 个桩，拉好线，找平。

（二）排水系统

目前南方多雨地区足球场草坪普遍采用龟背式盲沟与明沟相结合的排水系统，场地内采用盲沟排水，四周建明沟与盲沟相连。排水沟施工应符合设计及规范要求，排水盲沟底端应与明沟相连。

（三）灌水系统

灌水系统分简易灌水系统和成套复杂的系统，在资金允许的前提下尽量采用成套的全固定式喷灌系统，使用地埋式喷头，系统一次性投资大，但管理方便，灌溉效益佳，草坪生长好，更节约用水，综合效益高。采用全固定式自动喷灌系统必须请专业队伍进行设计和施工，草坪管理者必须在设计安装前明确提出场地面积、浇水时间、频率、水源供给情况及要求造价等，以便专业的喷灌设计安装队伍做出合理、经济的决定。选用全自动喷灌系统要注意几个问题：一是水源的供给是否能满足草坪的需要；二是水质是否满足浇灌用水标准，以防损坏喷灌系统和伤害草坪；三是水源的供给速度和水泵、喷水量必须配套，以防喷灌系统无法正常工作。另外喷头的高度以低于草坪地面 1～2cm 为宜，避免喷头被机械破坏。

（四）种植砂土铺设

种植砂土的质量关系到草坪成坪的质量，因此，种植砂土必须严格按设计要求，选择粗细度适合的黄沙，将各种化肥、有机肥、改良介质等按比例要求搅拌均匀，按设计厚度铺于盖好滤层布的场地上。铺好后进行粗平整，浇透水，压实，然后再按设计标高及坡度要求，每隔 10m 立 1 个桩，拉好线，用刮尺刮平整。

三、草坪品种的选择

根据气候环境及用途的不同对草种有不同的选择，但必须遵循以下基本原则：首先要选择适宜当地土壤气候条件的草种；其次再选择颜色、质地，均一性等；第三是要依据不同的管理条件选择适宜的品种，达到互补。混播是目前足球场草坪建植普遍采用的方式，不同地区、同一地区不同用途的足球场草种混配及比例也有所不同。

四、建植方法及苗期养护

不同草种适宜的生长温度不同，因而建植时间选择也有一定差异。冷地型草坪草种适宜的生长温度是15～25℃，因而冷地型草坪的建植多选择初春或秋季。春播草坪浇水压力大，易受杂草侵害，相比之下，秋季为更佳的建植时间。暖地型草坪草种适宜生长温度为25～35℃，暖地型草坪的建植主要以夏季为主。建植方法为播种建坪及无性繁殖法建坪。

（一）播种建坪

将平整后的场地划分成一定大小的若干小区，称好所需的种子。播种要保证交叉两遍以上，播均，避免漏播。如有精确播种机，可用精确播种机一次播匀。对于混播草坪，大小相近的草种可按比例先混后播，如草种大小相差较大必须按比例进行单独播种。播种后耙一遍，深度1～2cm，沿同方向耙，最后用碌子镇压一遍。镇压后覆盖15～20g/m² 的无纺布，重叠部分应在5～10cm，用U形钢丝钩固定（钩长10cm左右），每1.5～2m 1个，覆盖后立即浇水。

苗期的养护以浇水为主，第一次要浇透，其他时间浇水以保持土壤不干为宜。在秋末或春初，水不宜浇得太多，以免降低温度，延长种子发芽时间。种子发芽且展出一片叶时，可撤除无纺布。草坪生长 7～10cm，开始第一次修剪，修剪长度遵守 1/3 原则，通过多次修剪，将草坪高度维持在 4cm 左右。第一次修剪后施肥，施后浇水。如在低温季节，揭去无纺布后可立即施肥。

（二）无性繁殖法建坪

无性繁殖法建坪是指用草茎等材料建坪，同样是在平整压实后的种植沙土上，把草茎洗干净（洗去泥土和杂草种子），切碎撕碎后薄薄铺一层，再用种植沙均匀覆盖 0.5～1cm，最后用磙子镇压一遍。镇压后可覆盖较薄的无纺布或规格较稀的遮阳网，在草茎新芽萌发后及时撤除。草茎繁殖要注意苗期的肥水管理，在草坪覆盖度达 70％时，再进行适度的碾压，以利于草茎扎根和草坪平整。

建植一个优良的运动场草坪除了要把握好施工环节外，还应有良好的后期养护管理，"三分种七分养"，建好草坪只是开始，后期的精心养护是获得高质量草坪不可缺少的环节。

第五节　水湿生植物栽植工程
施工质量控制要点

水湿生植物栽植工程一般分为栽植前土壤处理、水湿生植物选择、水湿生植物栽植、后期养护管理等内容。

一、栽植准备

(一) 土壤要求

(1) 水湿生植物栽植地的土壤质量不良时，应更换合格的栽植土，使用的栽植土和肥料不得污染水源。

(2) 土壤应符合现行国家标准要求。建筑垃圾、沙土不得作底土。

(3) 新建景观水体底土为重黏土、盐碱土的，应经翻耕水渍、淤泥化后再行种植。

(4) 栽植表土的疏松土层不得小于 20cm，底土应匀整，并应清除杂草、碎砖、石块、玻璃等混杂物。

(5) 栽植的水体坡度宜小于 30°。

(二) 水质要求

栽植水湿生植物的景观水体水质应符合现行国家标准要求。

(三) 辅助设施要求

(1) 容器栽植应事先配制好相应的种植土。

(2) 生态浮床和浮叶植物的围栏，要按设计裁定形式，并有不影响水上运行的固着点。

(3) 种植槽、栅栏、支架应有防止水流冲蚀的加固措施。

（4）种植槽的材料、结构、防渗应符合设计要求。槽内不宜采用轻质土或栽培基质。种植槽土层厚度应符合设计要求，无设计要求的应大于50cm。

（四）基肥要求

（1）底土贫瘠，水质贫营养化或中度营养化，容器栽培苗以及花量大、生长繁茂的品种，栽植前应施基肥。

（2）基肥可施用腐熟风干有机肥或无机复合肥，且应符合以下要求：

1）应施于土表10cm以下，且分布要均匀。

2）施肥量应根据植株生长、水质营养、底土肥瘠情况确定。

二、水湿生植物选择

（一）品种及规格要求

水湿生植物种类、品种名称及规格应符合设计要求。

（二）主要水湿生植物最适水深

主要水湿生植物最适水深见表4-7。

主要水湿生植物最适栽培水深　　表 4-7

序号	名称	类别	栽培水深（cm）
1	千屈菜	水湿生植物	5～10
2	鸢尾（耐湿类）	水湿生植物	5～10

序号	名称	类别	栽培水深（cm）
3	荷花	挺水植物	60～80
4	菖蒲	挺水植物	5～10
5	水葱	挺水植物	5～10
6	慈姑	挺水植物	10～20
7	香蒲	挺水植物	20～30
8	芦苇	挺水植物	20～80
9	睡莲	浮水植物	10～60
10	芡实	浮水植物	＜100
11	菱角	浮水植物	60～100
12	荇菜	漂浮植物	100～200

三、水湿生植物栽植

（一）栽植

（1）栽植施工应在湿地或水体的地形、坡岸、小品设施、地下管线等单项建设完成后进行。

（2）栽植苗或块茎、根茎，起苗后至栽植前应有保湿措施。

（3）栽植施工期在3天以上时，先期定植的苗株应及时浇灌定根水或分段润水。

（4）栽植施工应符合苗木整齐健壮，无空秃缺株，种植边廓清晰的要求，且密度应符合设计要求。

（5）应按照设计要求，依种植梯度放样，沉水植物、挺水草本植物的覆盖面应不超过水面面积的 1/3。

（6）植物越冬前或萌动初期为栽植适宜时季，生长季栽植必须采取修剪、保湿或容器苗栽植等措施。

（7）苗木处理应符合以下要求：

1）根茎、球茎和草质苗木挖掘时必须带有基部蘖芽及茎节间须根，不得损伤生长点，根部应沾浆保湿。

2）在生长季栽植，挺水植物应剪除上部秆、叶的 2/3～1/2，沉水植物，浮叶、漂浮植物应根据挖掘和运输状况适当修剪枝叶或不剪。

（8）栽于底土的草本植物苗株根茎入穴深度应为 8～10cm，揿实或捣紧时不得损伤基芽，覆土厚度应为 5～8cm，栽植后应作场地平整。

（9）木本湿生植物的苗木和栽植技术要求同一般乔灌木。

（10）水湿生植物栽植后至长出新株期间应控制水位，严防新生苗（株）浸泡窒息死亡。

（11）成活率要求。水湿生植物栽植成活后单位面积内拥有成活苗（芽）数应符合表 4-8 的要求。

水湿生植物栽植成活后单位面积内拥有成活苗（芽）数

表 4-8

项次	种类、名称		单位	每 m^2 内成活苗（芽）数	地下部、水下部特征
1	水湿生类	千屈菜	丛	9～12	地下具粗硬根茎
		鸢尾（耐湿类）	株	9～12	地下具鳞茎
		落新妇	株	9～12	地下具根状茎
		地肤	株	6～9	地下具明显主根
		萱草	株	9～12	地下具肉质短根茎
2	挺水类	荷花	株	不少于1	地下具横生多节根状茎
		雨久生	株	6～8	地下具匍匐状短茎
		石菖蒲	株	6～8	地下具硬质根茎
		香蒲	株	4～6	地下具粗壮匍匐根茎
		菖蒲	株	4～6	地下具较偏肥根茎
		水葱	株	6～8	地下具横生粗壮根茎
		芦苇	株	不少于1	地下具粗壮根状茎
		茭白	株	4～6	地下具匍匐茎
		慈姑、荸荠、泽泻	株	6～8	地下具根茎
3	浮水类	睡莲	盆	按设计要求	地下具横生或直立块状根茎
		菱角	株	9～12	地下根茎
		大漂	丛	控制在繁殖水域内	根浮悬垂水中

（二）润水

（1）底土栽植的品种栽后应及时润水。在萌芽和幼苗期润水应浅，使幼嫩芽叶露出水面，随着植株的生长，逐步增加水量，最后按种植梯度达到各类品种需要的水位深度。

（2）景观水体中，生长盛期的水生湿生植物入水深度应符合设计及相关规范要求。

（3）木本湿生植物至少栽植一年后才能润水，并逐渐增加水位深度。

四、后期养护管理

（一）制定养护管理计划

水湿生植物栽植后应设立专人，制定具体养护措施，进行养护管理，养护计划应包括下列内容：

（1）水质和水位控制。

（2）及时整理修剪。

（3）根据植物生长情况及时施肥。

（4）加强病虫害观测，控制突发性病虫害发生，主要病虫害防治应及时。

（二）精心养护管理

1. 水质水位控制

（1）应控制营养物质流入水体。

（2）当水体水位高过或低落设计要求水位 20cm 以上时，就应及时排水或给水。

2. 整理修剪

对超过设计要求密度的丛株应及时疏删、刈割、捕捞，保持通风透光，生物量合理。冬春休眠期，应剪除地上枯萎部分，留茬应低矮整齐，修剪枝叶必须清除出水体。

3. 及时施肥

生长繁茂，花量大的品种和容器栽培的植株应按季节及时施肥：

（1）无机复合肥，腐熟有机肥应以粒状或肥泥团形式加入底土 3cm 以下。

（2）9 月下旬起不得再施肥。

（3）富营养的水质中及生长粗放、繁殖蔓延快的品种应控制肥料的使用。

4. 病虫害防治

（1）病虫害防治应采用生物和物理防治方法，严禁药物污染水源。

（2）化学药剂使用时，宜减少洒入水体的药物量，且不得雨前施药。

（3）病叶、病株应去除，并深埋焚毁。

5. 覆盖范围控制

繁殖蔓延快的品种，应采取种群疏删、捕捞、围护、土壤隔离、切边、防治种籽自播等措施。水生植物在水体中所占空间不得超过 30％。

第六节 竹类栽植工程施工质量控制要点

竹类栽植工程一般分为栽植前土壤处理、栽植穴挖掘、竹类选择、竹类挖掘、竹类包装运输、竹类修剪、竹类栽植、竹类后期养护管理等内容。

一、栽植前土壤处理

(一) 土壤理化性质要求

(1) 栽植前应对该区域内土的理化性质进行化验分析,采取相应的土体改良、施肥或置换客土等措施。

(2) 绿化栽植土壤有效土层厚度应满足以下要求:

大　径　　土层厚度≥80cm

中小径　　土层厚度≥50cm

(3) 栽植基础严禁使用含有害成分的土壤,除有设施空间绿化等特殊隔离地带,绿化栽植土壤有效土层下不得有不透水层。

(4) 栽植土应见证取样,经有资质检测单位检测并在栽植前取得符合要求的检测结果。

(5) 栽植地应选择土层深厚、肥沃、疏松、湿润、光照充足、排水良好的土。

（二）场地清理

竹类栽植前场地清理应符合下列规定：

（1）在各种管线的区域、建（构）筑物周边的绿化用地整理，应在其完工并验收合格后进行。

（2）场地内的渣土、工程废料、宿根性杂草、树根及其有害污染物清除干净。

（三）地形造型

（1）回填土及地形造型的范围、厚度、标高、造型及坡度均应符合设计要求。

（2）造型胎土应符合设计要求。

（3）回填土应分层适度夯实，或自然沉降达到基本稳定，严禁用机械反复碾压。

（4）地形造型应自然流畅。

（四）栽植土表层处理

（1）栽植土表层不得有明显低洼和积水处。

（2）栽植土的表层应整洁，所含石砾中粒径≥3cm的不得超过10％，粒径＜3cm的不得超过20％，杂草等杂物不应超过10％。

（3）栽植土表层土块粒径≤3cm。

（4）竹类栽植地应进行翻耕，深度宜30～40cm，清除杂物，增施有机肥，并做好隔根措施。

（5）栽植土表层应低于路牙、侧石、挡土墙或树池边缘 3～5cm。

二、栽植穴挖掘

（一）距离控制

（1）道路交叉口及道路转弯处种植竹类应满足车辆的安全视距。

（2）竹类与地下管线外缘的距离应大于 0.95m。

（3）竹类与建筑物、构筑物的最小水平距离，应符合园林绿化规划与设计相关规范的规定。

（二）定点放线

栽植穴的定点放线应符合下列规定：

（1）栽植穴定点放线应符合设计图纸要求，位置必须准确，标记明显。

（2）栽植穴定点时应标明中心点位置。

（三）栽植穴挖掘

栽植穴的规格及间距可根据设计要求及竹兜大小进行挖掘，丛生竹的栽植穴宜大于根兜的 1～2 倍，中小型散生竹的栽植穴规格应比鞭根长 40～60cm，宽 40～50cm，深 20～40cm。

三、竹类选择

竹苗选择应符合下列规定：

（1）散生竹应选择一、二年生、健壮无明显病虫害、分枝低、枝繁叶茂、鞭色鲜黄、鞭芽饱满、根鞭健全、无开花枝的母竹。

（2）丛生竹应选择竿基芽眼肥大充实、须根发达的1～2年生竹丛，母竹应大小适中，大竿竹竿径宜为3～5cm，小竿竹竿径宜为2～3cm，竿基应有健芽4～5个。

四、竹类挖掘

（一）散生竹母竹挖掘

（1）可根据母竹最下一盘枝杈生长方向确定来鞭、去鞭走向进行挖掘。

（2）母竹必须带鞭，中小型散生竹宜留来鞭20～30cm，去鞭30～40cm。

（3）切断竹鞭截面应光滑，不得劈裂。

（4）应沿竹鞭两侧深挖40cm，截断母竹底根，挖出的母竹与竹鞭结合应良好，根系完整。

（二）丛生竹母竹挖掘

（1）挖掘时应在母竹25～30cm的外围，扒开表土，由远至近逐渐挖深，应严防损伤竿基部芽眼，竿基部的须根应尽量保留。

（2）在母竹一侧应找准母竹竿柄与老竹竿基的连接点，切断母竹竿柄，连兜一起挖起，切断操作时，不得劈裂竿柄、竿基。

（3）每兜分株根数应根据竹种特性及竹竿大小确定母竹竿数，大竹种可单株挖兜，小竹种可3～5株成墩挖掘。

五、竹类包装运输

竹类的包装运输应符合下列规定：

（1）竹苗应采用软包装进行包扎，并应喷水保湿。

（2）竹苗长途运输应篷布覆盖，中途应喷水或于根部置放保湿材料。

（3）竹苗装卸时应轻装轻放，不得损伤竹竿与竹鞭之间的着生点和鞭芽。

六、竹类修剪

竹类修剪应符合下列规定：

（1）散生竹竹苗修剪时，挖出的母竹宜留枝5～7盘，将顶梢剪去，剪口应平滑；不打尖修剪的竹苗栽后应进行喷水保湿。

（2）丛生竹竹苗修剪时，竹竿应留枝2～3盘，应靠近节间斜向将顶梢截除；切口应平滑呈马耳形。

七、竹类栽植

竹类栽植应符合下列规定：

应先将表土填于穴底，深浅适宜，拆除竹苗包装物，将竹兜入穴，根鞭应舒展，竹鞭在土中深度宜20～25cm；覆土深度宜比母竹原土痕高3～5cm，进行踏实及时浇水，渗后覆土。

八、后期养护管理

（一）制定养护管理计划

竹类栽植后的养护管理工作特别重要，应围绕以提高成活率为中心的全面养护管理工作，首先应有必要的资金和组织保证。设立专人，制定具体养护措施，进行养护管理，养护计划应包括下列内容：

（1）根据习性和墒情及时浇水。

（2）加强病虫害观测，控制突发性病虫害发生，主要病虫害防治应及时。

（3）根据生长情况应及时追肥、施肥。

（4）栽植后应立柱或横杆互连支撑，严防晃动。应做好防强风、干热、洪涝、越冬防寒等工作。

（二）精心养护管理

发现漏鞭时应进行覆土并及时除草松土，严禁踩踏根、鞭、芽。

第五章 硬质景观工程施工
质量控制要点

第一节 硬质景观放线及场地
放坡质量控制要点

一、铺装定位

须以硬质铺装区域中心点位或者图纸特别注明的位置为放线起始点，以尽可能少的切割铺块作为标准。

二、硬质景观放线

带弧度的道路或者驳岸需多设定位点，保证线形流畅无折角。

三、场地放坡

场地放坡的原则是保证重要景观区域无积水，施工时原则上大标高按照标高图纸，细部节点的放坡及详细标高施工单位应结合现场土建情况以及施工时的误差自行调节。

第二节 硬质铺装铺设质量控制要点

一、石材拼接

除特别注明以外，所有铺装材料饰面均为平接缝。无特殊要求石材对缝拼接请严格按照图纸模数进行，保证铺装形式的整齐性。

二、施工质量控制

（1）地面工程基层、面层所用材料的品种、质量、规格，各结构层纵横向坡度、厚度、标高和平整度应符合设计要求；面层与基层的结合（粘结）必须牢固，不得空鼓、松动，面层不得积水。园路的弧度应顺畅自然。

（2）碎拼花岗岩面层（包括其他不规则路面面层）应符合下列要求：

1）材料边缘呈自然碎裂形状，形态基本相似，不宜出现尖锐角及规则形。

2）色泽及大小搭配协调，接缝大小、深浅一致。

3）表面洁净，地面不积水。

（3）卵石面层应符合下列规定：

1）卵石面层应按排水方向调坡。

2）面层铺贴前应对基础进行清理后刷素水泥砂浆

一遍。

3）水泥砂浆厚度不应低于4cm，强度等级不应低于M10。

4）卵石的颜色搭配协调、颗粒清晰、大小均匀、石粒清洁，排列方向一致（特殊拼花要求除外）。

5）露面卵石铺设应均匀，窄面向上，无明显下沉颗粒，并达到全铺设面70％以上，嵌入砂浆的厚度为卵石整体的60％。

6）砂浆强度达到设计强度的70％时，应冲洗石子表面。

7）带状卵石铺设大于6延长米时，应设伸缩缝。

（4）嵌草地面面层应符合下列规定：

1）块料不应有裂纹、缺陷，铺设平稳，表面清洁。

2）块料之间应填种植土，种植土厚度不宜小于8cm，种植土填充面应低于块料上表面1～2cm。

3）嵌草平整，不得积水。

（5）水泥花砖、混凝土板块、花岗岩等面层应符合下列规定：

1）在铺贴前，应对板块的规格尺寸、外观质量、色泽等进行预选，浸水湿润晾干待用。

2）勾缝和压缝应采用同品种、同强度等级、同颜色的水泥，并做好养护和保护。

3）面层的表面应洁净，图案清晰，色泽一致，接缝平整，深浅一致，周边顺直，板块无裂缝、掉角和缺愣等缺陷。

（6）冰梅面层应符合下列规定：

1）面层的色泽、质感、纹理、块体规格大小应符合设计要求。

2）石质材料要求强度均匀，抗压强度不小于30MPa；软质面层石材要求细滑、耐磨，表面应洗净。

3）板块面宜五边以上为主，块体大小不宜均匀，符合一点三线原则，不得出现正多边形及阴角（内凹角）、直角。

4）垫层应采用同品种、同强度等级的水泥，并做好养护和保护。

5）面层的表面应洁净，图案清晰，色泽一致，接缝平整，深浅一致，留缝宽度一致，周边顺直，大小适中。

（7）花街铺地面层应符合下列规定：

1）纹样、图案、线条大小长短规格应统一、对称。

2）填充料宜色泽丰富，镶嵌应均匀，露面部分不应有明显的锋口和尖角。

3）完成面的表面应洁净，图案清晰，色泽统一，接缝平整，深浅一致。

（8）大方砖面层应符合下列规定：

1）大方砖色泽应一致，棱角齐全，不应有隐裂及明显气孔，规格尺寸符合设计要求。

2）方砖铺设面四角应平整，合缝均匀，缝线通直，砖缝油灰饱满。

3）砖面桐油涂刷应均匀，涂刷遍数应符合设计规定，不得漏刷。

（9）压模面层应符合下列规定：

1）压模面层不得开裂，基层设计有要求的，按设计处理，设计无要求的，应采用双层双向钢筋混凝土浇捣。

2）路面应按设计要求设伸缩缝。

3）完成面应色泽均匀、平整，块体边缘清晰，无翘曲。

（10）透水砖面层应符合下列规定：

1）透水砖的规格及厚度应统一。

2）铺设前必须先按铺设范围排砖，边沿部位形成小粒砖时，必须调整砖块的间距或进行两边切割。

3）面砖块间隙应均匀，色泽一致，排列形式应符合设计要求，表面平整不应松动。

（11）小青砖（黄道砖）面层应符合下列规定：

1）小青砖（黄道砖）规格、色泽应统一，厚薄一致不应缺棱掉角，上面应四角通直均为直角。

2）面砖块间排列应紧密，色泽均匀，表面平整不应松动。

（12）自然块石面层应符合下列规定：

1）铺设区域基底土应预先夯实、无沉陷。

2）铺设用的自然块石应选用具有较平坦大面的石块，块体间排列紧密，高度一致，踏面平整，无倾斜、翘动。

（13）水洗石面层应符合下列要求：

1）水洗石铺设的细卵石（混合卵石除外）应色泽统一、颗粒大小均匀，规格符合设计要求。

2）路面的石子表面色泽应清晰洁净，不应有水泥浆残留、开裂。

3）酸洗液冲洗彻底，不得残留腐蚀痕迹。

（14）园路、广场地面铺装工程的允许偏差和检验方法应符合相关规范要求。

（15）侧石安装应符合下列规定：

1）底部和外侧应坐浆，安装稳固。

2）顶面应平整、线条应顺直。

3）曲线段应圆滑无明显折角。

第六章　引用标准名录

1.《园林绿化工程施工及验收规范》CJJ 82—2012
2.《农田灌溉水质标准》GB 5084

第二部分

园林工程质量通病防治

第七章　基　本　要　求

第一节　总　　则

（1）为提高园林工程的质量水平，防治工程质量通病，依据国家有关法规和规范，结合园林工程项目的实际情况，编制本工作手册。

（2）本手册所列的园林工程质量通病的范围，是以工程施工过程中及完工后易发生的、常见的缺陷为主。

（3）园林工程质量通病的防治方法、措施和要求除参照本手册外，还应执行国家、省、地方等相关园林工程的标准和规范。

第二节　基　本　规　定

（1）设计单位在园林工程设计中，应采取防治质量通病的相应设计措施，并将通病防治的设计措施和技术要求向相关施工单位交底。

（2）施工单位应认真编写《园林工程质量通病防治方案和施工措施》，经监理单位审查、建设单位批准后实施。

（3）监理单位应审查施工单位提交的《园林工程质量通病防治方案和施工措施》，提出具体要求和监控措施，并列入《监理规划》和《监理细则》。

（4）园林工程中使用的新技术、新产品、新工艺、新材料、应经过省（直辖市）建设行政主管部门技术鉴定，并应制定相应的技术标准。

第八章 防 治 措 施

第一节 园林栽植基础

一、回填土方局部或大面积沉降

1. 现象

回填土方区域经过一段时间后出现局部或大面积不均匀沉降。

2. 原因分析

（1）回填土料质量不符合要求，采用了混有碎石、建筑垃圾、淤泥质土、冻土块和杂填土作填料，填土不易夯实或有机物腐烂后造成下沉而形成回填土方下陷。

（2）填土厚度过厚或压（夯）实遍数不够，达不到密实要求，致使回填土区域在荷载承重下变形量增大，其承载力和稳定性降低而导致不均匀沉降。

（3）回填土的含水量过大或过小，因而达不到最佳含水率下的夯实密实要求。

（4）回填土区域未做好排水措施，致使地表水、地下水流入回填土区域而浸泡回填土和地基，造成填土区域下陷。

（5）在原有的沟渠或池塘含水量较大的松软土质上回填土方，施工前基底未抛填砂石或翻晒处理，就直接回填土方。

（6）在较陡的坡上回填土方时，施工前对基底未进行挖阶梯形处理就回填土方，在重力的作用下，填土顺着斜坡滑动，而造成回填土方沉降。

3. 防治措施

（1）选择符合回填土要求的土料进行回填，避免采用混有大量碎石、建筑垃圾、淤泥质土、冻土块和杂填土作填料。

（2）填土的密实度应根据工程性质来确定。

（3）对有密实度要求的填方，应对所选用的土料通过检测确定其含水量控制范围、每层铺土厚度、压（夯）实遍数、机械行驶的速度，并严格按水平方向分层进行回填、压（夯）实，使其达到设计规定的密实度要求。

（4）加强对回填土料的质量、含水量、施工操作规范和压（夯）实密实度的现场检验，按规定取样，严格按每道工序的质量要求进行控制。

（5）对由于含水量过大，达不到密实度要求的土层，可以采用翻松、晾晒、风干或均匀掺入干土和其他吸水材料后重新压（夯）实，禁止雨后回填。

（6）对由于含水量过小，达不到密实度要求的土层，应预先洒水湿润后再进行压（夯）实。

（7）回填土区域周围要做好排水措施，防止地表水、地下水流入回填区域，浸泡回填土和地基而造成回填区域下陷。

（8）对于原有的沟渠或池塘含水量较大的松软土质区域回填土方时，应根据基底实际情况进行排水、疏干、挖淤泥、换土、抛石块、砾石、掺石灰等措施处理，以加固基底土质的稳固性。

（9）当回填土区域地面坡度大于 1/5 时，应先将陡坡挖成阶梯形，阶高 20～30cm，阶宽 100cm，然后分层回填夯实。

二、回填土方质量不符合要求

（一）基层回填土方质量不符合要求

1. 现象

回填土方质量不符合要求，其中混有大量的碎石、建筑垃圾等杂质或含有大量的有机质或淤泥质土，这将影响到今后地基的下陷，也不利于植物的生长。

2. 原因分析

（1）回填土料主要是利用本工程的开挖料，其混有大量碎石、建筑垃圾等杂质。

（2）采用含水量较高的土料或淤泥质土等不符合要求的土料。

（3）采用生活垃圾土等不符合要求的土料。

3. 防治措施

（1）避免直接采用混有大量碎石、建筑垃圾等杂质的开挖料，使用前必须对回填料进行处理，其最大粒径不得超过每层铺填厚度的 2/3，回填时，大块料不应集中，且不得填在分段接头处或填方与山坡连接处。

（2）回填土料的含水量应符合压（夯）实要求，大型土方回填前应根据工程特点、填料种类、设计压实系数、施工条件和压（夯）实工艺等来确定填料含水量。含水量偏高时，可采用翻松晾晒，均匀掺入干土等措施。

（3）回填土内不得含有有机杂质，不符合要求时应挖出换土回填，应优先利用基槽中挖出的优质土。

（二）栽植土质量不符合要求

1. 现象

在绿化施工中，采用不符合种植要求的土壤，会造成植物成活率不高或成活后生长不良，处于亚健康状态。

2. 原因分析

（1）栽植层土壤中混有大量碎石、建筑垃圾、水泥块和二灰等杂质，致使植物根系无法伸展。

（2）栽植层土壤采用的是黏土、重黏性土或砂质土，土的通气性、排水能力较差或土的水分渗透性太强，根系不能充分吸收水分。

（3）土壤中营养成分低或盐碱成分过高，苗木移植后生长过程中营养不能得到充分补充。

3. 防治措施

（1）在设计中应说明植物栽植土质量标准的规定，栽植土必须具有满足植物生长所需要的水、肥、气、热的能力等要求。

（2）在施工中严格按设计要求执行栽植土质量标准的规定，严禁把混有大量碎石、建筑垃圾等杂质的土料作栽植土。

（3）栽植土须是理化性能较好、结构疏松通气、保水和保肥能力强、适合植物生长的土壤，避免使用黏性较重的黏土或保水能力差的砂质土。

（4）在种植前对营养成分较低或盐碱成分过高的栽植层土壤进行改良。

三、栽植地形塑造不符合要求

（一）台阶式、馒头式地形

1. 现象

在放样过程中造成地形辐射不够，形成台阶式、馒头式地形，缺乏流畅感，严重的会造成排水不畅等现象。

2. 原因分析

设计图纸对地形的设计与现场实际情况不符，设计交底不到位，施工放样人员在施工过程中缺乏与设计师的沟通，施工人员按个人的意图施工，使完成的地形呈台阶式、馒头式地形或只有形而没有神。

3. 防治措施

设计师在设计交底时要与施工技术人员到现场进行查看，并将设计理念与施工人员进行沟通，确保施工意图得到充分贯彻。施工过程中设计师要到现场进行指导，确保每一步施工都能体现设计意图。

（二）地形塑造与绿化种植脱离

1. 现象

标高控制不到位，导致地形塑造与绿化种植出现脱离：如草皮地块与乔灌木地块的地形结合不当，不但影响视觉效果，也影响了乔、灌木的排水。

2. 原因分析

（1）设计图纸未能与现场有效结合，未把植物和地形有效地结合考虑或者设计师之间未沟通协调，致使地形与种植有脱离。

（2）设计图的变更或由于某些原因需要临时增减一些苗木或基础设施，造成新设计的植物与已完成施工的地形结合有冲突。

（3）施工单位未领会设计意图且未按图纸施工，造成图纸与现场不符。

3. 防治措施

（1）设计单位应控制好现场标高，不同专业的设计师应相互配合，并由专业人员进行审核，注意种植绿地内的地形设计应有利于植物的生长、排水及视觉效果。

（2）遇到设计变更，且又要最大限度地保留原作品中的地貌时，施工人员的放样工作就特别重要，应领会设计意图，并根据现场情况进行合理地放样，放样完成后请设计师到现场进行验收。

第二节　园林绿化栽植及养护

一、植物栽植

（一）树木回芽

1. 现象

苗木种植后一段时间内，在抽枝展叶后出现回芽现象。

2. 原因分析

（1）苗木种植时，覆土未捣实，根系与土壤不密实，浇水后根系吸收水分不充足。

（2）苗木种植后，在抽枝展叶后，浇水养护不及时，使树木失水。

（3）在苗木起挖过程中，土球大小不符合规定要求，如过小会造成根冠比例失衡，使地上部分水分蒸腾量过大。

（4）在苗木起挖过程中，土球包扎不结实，运输过程中造成土球松散，使根系失水。

（5）苗木到场后未及时假植或种植，缺乏保湿措施。

（6）绿化栽植土有效土层下有不透水层。

（7）绿化栽植土质量不符合要求。

3. 防治措施

（1）在苗木种植过程中，应将覆土分层捣实，使根系与土壤密实，培土高度到土球深度的2/3时，浇足水，水分渗透后覆土整平。

（2）苗木种植后，应及时进行浇水养护，保证苗木生长所需的水分。

（3）在苗木起挖过程中，土球规格应符合规定要求，对树形进行适度修剪，使根冠比协调，减少水分蒸发。

（4）在苗木起挖过程中，土球包扎要结实牢固。

（5）苗木栽植要有计划，做到随到随栽，不能及时栽植的采取假植措施。

（6）在苗木栽植前，栽植土有效土层下的不透水层应清除，要保证苗木根部的透水性。

（二）草坪表面不平整，雨后有积水

1. 现象

雨后在草坪局部区域有积水现象。

2. 原因分析

（1）草皮铺设前，铺设区域内的土壤未进行翻土、清理垃圾，表层土没有做好细平整、凹凸不平，铺设后形成一些低洼地，雨后或浇水后易造成积水。

（2）籽播草坪在播籽后或植生带草皮在铺设后未进行有效的压实，某些区域出现低洼地，雨后或浇水后易造成积水。

3. 防治措施

（1）草皮铺设前，应对铺设区域内的土壤进行翻土，深度不得小于 20cm，应把土壤中的混杂物，如杂草根、碎石块、碎砖等清除干净，将大于 2cm 块径的土块敲碎，表层土做到细平整，排水坡度应符合设计及规范要求。

（2）籽播草坪在播籽后，应覆 0.5～1cm 的优质疏松土，并进行轻压、浇水，在草出土前，必须保持湿润，视天气条件进行浇水。

（3）植生带草皮在铺设后应充分浇水、滚压，在新根扎实前不可践踏，避免出现坑洼地而造成积水。

二、植物养护

（一）草坪中杂草多

1. 现象

草皮在生长过程中，出现一些杂草且生长速度较快，逐渐在草坪中占有一席之地，影响正常草皮的生长。

2. 原因分析

（1）在铺设草皮时，所铺设的草皮中杂草含量较大，超过规定5%的要求。

（2）草皮在生长过程中，由于没有及时清除杂草，而杂草的生存能力强于栽培草，其生长速度较快，逐渐超过正常草皮的生长。

3. 防治措施

（1）铺设草皮前，应选择杂草含量较少的草皮进行铺设。

（2）新建草坪铺设前，针对不同草皮品种选用适当的化学除草剂进行喷施除杂草。

（3）在草坪养护过程中，应及时清除杂草，可选择化学除草剂进行喷施或人工除草。

（4）喷施农药时应在杂草对药剂最敏感的生长阶段、最适宜的温度及晴天进行喷施，喷药时应按药剂的使用说明进行操作。

（二）树木伤口腐烂、枝条枯死

1. 现象

树木的主干和骨干枝的伤口由于不及时保护和修补，经过雨水的侵蚀和病菌的寄生，内部腐烂，不仅影响树体的美观，而且影响树木的正常生长。

2. 原因分析

（1）因冬春修剪、机械损伤、人畜损伤、装卸过程中操作不规范、冻害、风害等造成苗木不同程度的损伤，未及时保护和修补，经过雨水的侵蚀和病菌的寄生，逐渐腐烂。

（2）苗木伤口不及时处理，树木体内水分损失，致使树枝、枝条枯死。

3. 防治措施

（1）尽量减少修剪和避免机械损伤及人畜对树木的损伤，出现伤口时要及时涂刷保护剂或蜡，以防止病菌侵入，并清除重病株，以减少病源。

（2）枝杆出现伤口或腐烂等情况时，在发病初期，应及时用快刀刮除病部的树皮，深度达到木质部，最好刮到健康部位，刮后用毛刷均匀涂刷 75％的酒精或 1％～3％的高锰酸钾液，也可涂刷碘酒杀菌消毒，然后涂蜡或保护剂使伤口早日愈合。

（3）有的苗木枝杆受天牛危害留下许多虫孔，并有排泄物，可用快刀把被害处的树皮刮掉，灭绝虫害，并在被刮处涂上相应的杀虫剂和保护剂。

（4）捆扎绑吊。对被大风吹裂或折伤较轻的枝干，可把半劈裂枝条吊起或顶起，恢复原状，清理伤口后，用绳或铁丝捆紧或用木板套住捆扎，使裂口密合无缝，外面用塑料薄膜包严，半年后可解绑。

（5）树洞修补。当伤口已成树洞时，应及时修补，以防树洞继续扩大，先将洞内腐烂部分彻底清除，去掉洞口边缘的坏死组织，用药消毒，并用水泥和小石料按1:3的比例混合后填充。对小树洞可用木桩填平或用沥青混以30%的锯末堵塞，也有良好的效果。

（三）苗木修剪不规范、景观效果

1. 现象

苗木修剪存在千篇一律、过于简单或修剪过重的现象，如不按苗木的特征、景观需要来修剪，大乔木直接将树冠截去。

2. 原因分析

（1）修剪作业人员缺乏专业培训，专业素养不足，对设计师的意图理解不彻底。

（2）施工单位为保证成活率，对苗木修剪过重。

3. 防治措施

（1）尽量选用有较高专业素养的园林绿化技术人员对苗木进行修剪，修剪要遵循相关规范要求，且与设计师充分沟通。

（2）推广以抗蒸腾剂为主体的免修剪栽植技术或采取疏枝为主，适度轻剪，保持树体地上、地下部分生长平衡。

第三节　园路及广场

一、路基填筑

（一）路基沉陷

1. 现象

路基局部路段在垂直方向产生较大的沉落，形成坑塘、裂纹或路基整体下沉。

2. 原因分析

（1）路基填筑前对基底没进行处理。如基底表面的杂草、有机土、种植土及垃圾等没有清理，或土质松散的基底在填筑前没进行压实。

（2）路基填料选择不当，如采用粉质土或含水量过高的黏土等作填料，不易压实。

（3）不同土质的回填料没有分层填筑，而是采用混合填筑，使压实密度达不到要求。

（4）压实机器选择不当或者压实方法不正确，压实遍数不够等原因，致使压实密度不够或压实不均匀。

（5）如原有路基为软基，在填筑前没有对软基进行处理，或者软基虽然经过处理，但因沉降时间不足而引起完工后继续沉降。

3. 防治措施

（1）填筑前应对基底进行彻底清理，挖除杂草、树根，清除表面有机土、种植土及垃圾，对耕地和土质松散的基底应进行压实处理。

（2）宜选用级配较好的粗粒土作为填筑材料。

（3）填筑路基时，应分层填筑，每一个水平层均应采取同类材料，不得混合填筑。

（4）选择合适的压实机器和正确的压实方法对路基进行压实。

（5）对软地基在填筑前，应请勘察、设计到场，根据现场实际情况确定处理方法。

（6）路面铺筑后，发生沉降时应查明原因后进行补救。

（二）园路、铺地出现裂缝、凹陷、翻浆现象

1. 现象

园路出现不规则的裂缝、凹陷，铺地出现面层松动以及雨后冒浆等现象。

2. 原因分析

（1）基层填筑前未对基底表面的杂草、有机土、种植土及垃圾等进行清理或基础不平整。

（2）基底土层松软的区域未进行地基加固处理。

（3）基层填料选择不当。

（4）基层层次结构的做法不正确。

（5）面积较大区域施工时未按要求设置伸缩缝。

3. 防治措施

（1）基层填筑前应按设计要求对基底进行清理，如对基底表面的杂草、有机土、种植土及垃圾等清理。

（2）基底土层松软的区域要按设计要求对地基进行加固处理。

（3）基层选用材料要得当，一般采用干碎石、煤渣石灰土、石灰土作基层，并应采用不小于12吨的压路机碾压，每层碾压厚度应符合设计要求。

（4）面层施工时采用整体浇注，大面积施工可按规范要求划分若干地块，地块之间需按要求设置伸缩缝。

（三）路牙、侧石、台阶松动

1. 现象

道路边侧石、路牙、台阶出现松动现象。

2. 原因分析

（1）基层填筑前未对基底进行处理或处理不当。

（2）基层填料选择不当或基础层次结构的施工不规范。

（3）其他因素，如受外力破坏等。

3. 防治措施

（1）基层填筑前应对基底按设计要求进行处理，清除基底表面的杂草、有机土、种植土及垃圾等以及对土层松软的区域作加固处理；

（2）安放路牙、侧石应做到：底部和外侧应坐浆，安装稳固；结合层、勾缝材料应符合设计要求。

（3）安放台阶和蹬道条石时，基础砂浆要找平，平稳安放。

（4）台阶和踏步如设计中需要外贴饰面材质时，应采用符合设计要求的结合层粘结，并杜绝粘结层有空隙。

（5）防止外力破坏侧石、路牙等。

二、混凝土道路

（一）混凝土道路路面龟裂

1. 现象

混凝土路面表面产生网状、浅细的发丝裂缝，呈小的六角花纹。

2. 原因分析

（1）混凝土浇筑后，表面没有及时覆盖，在炎热或大风天气，表面游离水分蒸发过快，体积急剧的收缩，导致开裂。

（2）混凝土中各类用料配合比例不合理，如水泥用量少、含砂量过大等问题。

（3）混凝土在拌制时水灰比过大以及模板与垫层过于干燥，吸水性大，水分被迅速吸收而导致开裂。

（4）混凝土表面过度振荡或抹平，使水泥和细骨料过多上浮于表面而导致裂缝。

3. 防治措施

（1）混凝土路面浇筑完后，应及时用透气保湿材料覆盖，认真浇水养护，防止强风和暴晒。在炎热季节里，必要时应搭荫棚施工。

（2）在浇筑混凝土路面时，应事先将基层和模板浇水湿透，避免其吸收混凝土中的水分。

（3）干硬性混凝土采用平板振捣器时，应防止过度振捣而引起砂浆集聚表面。砂浆层厚度应控制在2～5mm 范围内，抹平时不必过度抹平。

（4）如混凝土在初凝前出现龟裂，可采用镘刀反复抹或重新振捣的方法来清除，再加强保湿养护。

（5）如混凝土路面的龟裂对结构强度影响较小，可不予考虑，但必要时应注浆进行表面涂层处理，封闭裂缝。

(二) 混凝土道路路面横向裂缝

1. 现象

沿道路中线大致相垂直的方向产生裂缝，这类裂缝，往往在车行产生的温度作用下，逐渐扩展，最终贯穿板厚。

2. 原因分析

(1) 混凝土路面锯缝不及时，由于湿缩和干缩而产生裂缝。当混凝土连续浇筑长度越长、浇筑时气温越高、基层表面越光滑越易开裂。

(2) 伸缩缝切割深度过浅，横断面没有明显削弱，应力没有释放，因而在临近伸缩缝处产生新的伸缩缝。

(3) 混凝土路面基础产生不均匀沉陷，导致板底脱空而断裂。

(4) 混凝土路面的厚度和强度不足，在荷载和温度应力的作用下产生裂缝。

3. 防治措施

(1) 严格掌握混凝土路面的伸缩缝切割时间，以边口切割整齐，无碎裂为宜，尽可能及早进行，尤其是夏天，昼夜温差大，更需注意。

(2) 当连续浇捣长度很长，锯缝设备不足时，可在1/2长度处先锯缝，之后再分段锯，而在条件比较困难时，可间隔几十米设一条压缝，以减少收缩应力的积聚。

（3）保证基础稳定、无沉陷，在沟槽、回填区域必须按规范要求做到密实、均匀。

（4）如发生的裂缝不大，可采用聚合物灌浆法将缝隙封住或沿裂缝开槽嵌入弹性粘合修补材料，起到封缝防水的作用。

（5）当路面局部区域裂缝较大、咬合能力严重削弱时，应局部翻挖修补。先沿裂缝两侧一定范围内画出标线，最小宽度不小于1m，标线应与中线垂直，然后沿缝锯齐，凿去标线间的混凝土，浇筑新混凝土。

（6）当路面发生裂缝面积较大、咬合能力严重削弱时，应将整个路基翻挖后重新浇筑。

三、园路及铺装面层

（一）园路及铺装面层出现沉降、开裂现象

1. 现象

园路及铺装面层出现不同程度的沉陷、开裂现象。

2. 原因分析

（1）基层层次结构的做法不正确或基层强度不足。

（2）铺面板材或混凝土砖的接缝处无防水功能或防水未做好，由于雨水下渗和冲刷，致使垫层流失而造成园路及铺装面层的沉降、开裂现象；或由于伸缩缝未按

要求填充。

（3）在不宜行车的园路或铺装上行车，造成园路及铺装面层的沉降、开裂。

（4）各种管线的铺设，回填基层未进行有效压实，导致日后发生沉降。

3. 防治措施

（1）提高基层材料的强度和水稳定性。可用石灰粉、煤灰粒料作基础，再以石砾、砂或干拌水泥砂或混凝土作垫层，再在其上铺设园路及铺装面层。基层设置伸缩缝的，应按要求进行填充。

（2）禁止在不宜行车的园路及铺装上行车、停车，如需临时行车、停车时，其结构层做法应做调整，须满足行车要求。

（3）严格遵循先铺设管线、后土基、基层、再作铺面的顺序施工。土基及基层的压实度必须满足设计要求。在碾压困难的地段，可采用满足设计要求的混凝土基层。

（4）如发生园路及铺装沉陷、开裂时，应在沉降、开裂的地方重新做基层或垫层，并调换破损的面层材料。

（二）铺面板材松动冒浆

1. 现象

行人在园路或铺地上行走时，出现铺面板材、混凝土砖翘动、不稳，雨后会有冒浆、溅水的现象。

2. 原因分析

（1）铺面板材与基础之间的粘结层失去粘结性。

（2）用干拌水泥砂作粘结层时，铺设铺面板材或混凝土砖时未适当地敲振，未做到密贴固定。

（3）铺面板材间的接缝处无防水功能或防水未做好，由于雨水下渗和冲刷，致使垫层流失或走动，造成铺面板材翘动。

3. 防治措施

（1）如采用水泥砂浆为铺面板材与基础的粘结层时，砂浆要做到随拌、随用、随铺，防止时间过长造成砂浆凝结或流动性不够，以确保铺面板材或混凝土砖平整密贴，与基层良好的粘结。

（2）严格遵守施工工艺规程，精心施工，确保砂浆粘结层与铺面板材或混凝土砖的施工质量。做到"砂浆准确配比，铺面板材坐浆敲振"等工序，加强成品保护，刚刚完成的园路、铺地上禁止行人或行车，达到设计要求的强度后方可使用。

（3）如采用在垫层上直接铺设铺面板材时，基础要平整、密实，垫层厚度要均匀。垫层材料可采用石屑，其抗冲刷性较黄砂好。

（4）如发生铺面板材松动、冒浆，须翻掉松动的铺面板材，凿去 1～2cm 的粘结层，重新按设计及施工工艺铺设。若采用在垫层上直接铺设铺面板材的，可将原有垫层清除再做补充，整平后重铺板材。

（三）铺装面层灌缝不饱满

1. 现象

铺装面层的缝隙中填充料填塞不足，或根本没有填充料，导致铺装面层松动。

2. 原因分析

（1）扫缝填料不足或施工粗糙，造成灌缝不满。

（2）填料粒径大，容易堵塞缝隙，影响灌缝密实性，经过一段时间下沉后呈未满状态。

（3）经雨水冲刷，使填料流失，造成灌缝不满。

3. 防治措施

（1）重视填缝工序，严格按照规范要求填缝，做到认真灌缝、扫缝。

（2）灌缝填料粒径要与缝隙的宽度相应，避免上满下空的情况发生。

（3）加强养护管理，并及时补填充填料。

（四）园路、铺装积水

1. 现象

园路、铺装区域在雨后，个别地方出现积水、排水不干净，影响行人通行、安全和景观效果。

2. 原因分析

（1）路面、铺装表面不平整，有局部沉陷现象。

（2）园路、铺装纵横坡不合理。

（3）集水井或排水管排水不畅，路面水难以及时排走，造成积水。

（4）排水井设计标高不正确，支管倒落水，以及集水井标高比周围路面高，使路面水难以排走引起积水。

3. 防治措施

（1）园路及铺装地的基础应有足够的强度和密实度，以减少铺饰面由于基础沉降而沉陷。

（2）绘制场地施工坐标方格网，按图上坐标在坐标点上打桩定点，考虑排水方向和做好场地找坡，横坡与纵坡比要合理，较大场面积的场地要分区找坡，地面平整度变化控制在规范允许的偏差范围内。

（3）加强维护管理，及时清除、疏通集水井和排水管中的堵塞物。

（4）如集水井的标高要比周围路面高，应将集水井标高降至正确位置。

（五）侧缘石缝宽不均匀且勾缝砂浆颜色不统一

1. 现象

侧缘石砌筑时，缘石之间的缝隙有大、有小，很不均匀，且勾缝砂浆颜色与缘石颜色不统一，影响外观效果。

2. 原因分析

（1）侧缘石砌筑的缝宽，在设计上没有规定，工人施工时没有控制缝宽的标准，使缘石间缝宽不均匀。

（2）勾缝所用的水泥砂浆未按缘石的颜色进行配制，导致两者间颜色有差异。

3. 防治措施

（1）侧石砌筑的缝宽在设计上没有规定的，从美观和养护管理的角度考虑，缘石之间应留有 1cm 的间隙较好。为解决砌筑时缝宽不均匀，应采用 φ10 圆钢筋作标准插件，侧缘石铺设时在两缘石之间插入 φ10 圆钢筋来控制缝宽，铺设好后抽出钢筋，并用水泥砂浆勾缝。

（2）水泥砂浆勾缝时应根据缘石的颜色配制成同色或相近颜色的水泥砂浆进行勾缝。

（六）转角处侧缘石接缝呈三角形

1. 现象

道路交叉或者转角处的侧缘石间的接缝，内侧缘石直接连接，缝隙很小，外侧接缝很大，大概 2cm 以上，从表面看呈"三角形"，并且缘石间的砂浆连接不完全，美观性较差。

2. 原因分析

（1）施工时没有拉线定位或定点有误。

（2）施工时没有根据现场情况进行异型加工。

3. 防治措施

（1）坚持拉线定位，放样施工，弯道处应坚持"多放点，反复看"的原则，精心组织施工。

（2）先预放侧缘石，并用划笔在缘石的顶面上划出需要异型加工的切割线，角度大小视各个转角的不同而定，然后进行机械切割、安放施工。

（七）卵石园路中鹅卵石脱落

1. 现象

鹅卵石饰面的园路、铺地等，出现鹅卵石不同程度的脱落现象。

2. 原因分析

（1）砂浆铺设厚度不够，鹅卵石截面大部分显露在外部，结合力较差。

（2）鹅卵石没有清洗干净，杂质较多，使鹅卵石与砂浆层不能充分、有效地胶结。

（3）砂浆结合层的配比达不到要求，使鹅卵石与砂浆层结合力较差。

3. 防治措施

（1）施工时先夯实素土层，铺设混凝土后，胶结层厚度应大于鹅卵石的粒径，放置鹅卵石时，要将鹅卵石压实至深度 70%为宜。

（2）鹅卵石安放前应清洗干净，避免杂质影响鹅卵石与砂浆的结合力。

（3）严格按照设计及规范要求进行配比。在施工完毕后，应用清水将鹅卵石清洗干净。

第四节　园　林　小　品

一、饰面石材泛碱吐霜

1. 现象

湿贴天然石材在安装期间，石材板面会出现似"水印"一样的斑块，随着镶贴砂浆的硬化和干燥，"水印"会稍微缩小，甚至有些消失，但是，随着时间推移，特别是反复遭遇雨水或潮湿天气，水从板缝、墙根等部位侵入，天然石材表面的水斑逐渐变大，并在板缝连成片状，板块局部加深、光泽暗淡、板缝并发析出白色的结晶体，长年不褪，严重影响外观效果，此种现象称为泛碱现象。

2. 原因分析

（1）天然石材结晶相对较粗，存在着许多肉眼看不到的毛细管，花岗岩细孔率为 0.5%～1.5%，大理石细孔率为 0.5%～2.0%，其抗渗性能不如普通水泥砂浆，花岗岩的吸水率0.2%～1.7%是较低的，水仍可通过石材中的毛细管浸入面传到另外一面。天然石材的这种特性及毛细孔的存在，为粘接材料中的水、碱、盐等物质的渗入和析出并形成泛碱提供了通道。

（2）粘结材料（水泥砂浆）产生含碱、盐等成分物质。主要为镶贴砂浆析出$Ca(OH)_2$（氢氧化钙）并跟随多余的拌合水，沿石材的毛细孔游离入侵板块，拌合水越多，移动到砂浆表面的$Ca(OH)_2$就越多，水分蒸发后，$Ca(OH)_2$就存积在板块里。其他，如在水泥中添加了含有钠Na^+的外加剂，黏土砖中土含有的Na^+、Mg^{2+}、K^+、Ca^{2+}、C^-、SO_4^{2-}、CO_3^{2-}等，遇水溶解，会渗透到石材毛细孔里，形成"白华"等现象。所以，粘结材料产生的含碱、盐等成分物质是渗入石材毛细孔产生泛碱的直接物质来源。

（3）水的渗入。由于贴面接缝用水泥砂浆勾缝，防水效果较差，雨水（或地面水）沿墙体或砂浆层侵入石材板内或在安装时对石材洒水过多等原因，使水侵入石材板内，并溶入$Ca(OH)_2$和其他盐类物质进入石材毛细管形成泛碱。

3. 防治措施

天然石材墙面一旦出现泛碱现象，由于可溶性碱（或盐）物质已沿毛细孔渗透到石材板内（渗出板表面的可以清除），很难清除，故应着重预防，泛碱发生后可作以下一些补救措施：

（1）采用挂贴（灌浆）方法施工，工艺的工序流程按常规操作程序不变，但在粘贴之前必须对板材的反面作抗渗处理：先对板材反面进行清扫浮屑尘土，并用湿布抹干净，然后用 108 胶水泥浆涂刷二度，刷浆后阴干养护不少于 7 天，108 胶水泥浆重量配合比一般为 108 胶：水泥＝0.2：1，刷浆必须均匀且不得漏刷。刷浆稠度以不咬刷帚为宜，不可过稀。

（2）做好贴面顶部压顶的防渗漏，一般设计无具体要求。但在实际施工中应杜绝使用水泥砂浆做压顶的做法，因为水泥砂浆压顶面与花岗岩贴面容易产生裂缝，从而导致渗漏。正确的做法应该是用板材做压顶；与立面板材交角处做成 45°交角或挑边。交角板缝应留设 1.5～2mm，缝中 5mm 深度内的砂浆必须清理干净，最后完成前用密封胶注满。

（3）采用优质低碱水泥，降低碱质的含量($Ca(OH)_2$、NaOH、KOH 的含量小于 0.6%)或在水泥中加入硅灰类的混合物来提前反应水泥中的碱质。

（4）如发生泛碱，应及时对墙体的板缝、板面等全面进行防水处理，防止水分继续入侵，使泛碱不再扩大。

（5）如发生泛碱，可使用市面上的石材泛碱清洗剂，该清洗剂是由非离子型的表面活性剂及溶剂等制成的无色半透明液体，对于部分天然石材表面泛碱的清洗有一定的效果。但是在使用前，一定要先作小样试块，以检验效果和决定是否采用。

二、户外木制品木质出现开裂、变形、起翘等现象

1. 现象

户外木制品、木构架、木平台等长时间经过风吹、日晒、雨淋，木材易发生开裂、变形、起翘等现象。

2. 原因分析

（1）木材发生开裂、变形等现象关键原因在于木材表面水分的蒸发速度大于其内部，所以木材经过这种长期不断膨胀、缩小的过程，造成不同程度的变形及开裂等现象。

（2）选用的木材没有经过防腐加工或防腐加工质量达不到标准。

（3）原材料加工时没有按正确的方法进行加工处理。

（4）施工安装时没有按有关施工规范操作。

（5）没有做好日常维护保养工作。

3. 防治措施

（1）设计时应根据不同的木制品置放的位置和使用

功能，选择相应的木材。

（2）挑选木材时应挑选质量上乘且经过防腐加工达标的木材，木材进场后应按要求进行见证取样检测。

（3）原材料加工时应采用正确的方法可延缓木材的开裂、变形：

1）机械法：在已干燥的木材上用铁丝捆端头，使用防裂环、组合钉板等，用机械的方法强制木材不要膨胀和收缩，这样也可以避免木材发生开裂、变形。

2）改进制材时下锯的方法：木材各向异性，在同样的温、湿度变化的情况下，其湿涨、干缩系数最大的是弦向，其次是径向，纵向的变化最小，所以下锯时多生产一些径切板，可以减少开裂、变形。特别是带有髓心的板材干燥时容易发生严重的劈裂，这是由于髓心附近径向和弦向的收缩差异引起的，它发生在干燥初期，最初裂缝仅呈现于端部表面，随着干燥的进展它可以向着髓心并沿纵向扩展。这种裂纹在干燥时较难防止，最好的方法是在制材时避免生产带髓心的板材。

3）涂刷防水涂料：在木材的端部和表面涂刷防水涂料，减缓木材表面的蒸发强度，可以减少木材内外含水率的差距，也可以减少木材的开裂、变形。

4）采用高温定性处理：减少木材内裂的方法可采用高温定性处理，对于产生内裂木材表层的伸张残余变形力，可以在干燥过程结束前对木材进行高温、高湿处理来消除。

5）用防水剂进行浸注、加压处理：比较有效的方法是用防水剂加到防腐剂中，与防腐处理同时进行加压处理，使防水剂深深的进入到木材中，以达到持久性的良好防裂效果。

（4）正确地使用和安装可以最大限度地减少开裂、变形等现象的发生：

1）在施工现场，防腐木材应通风存放，应尽可能地避免太阳暴晒直射。

2）安装过程中，尽可能使用防腐木材现有的尺寸，如需切割、钻孔等，必须使用专用的防腐剂进行涂刷补救，以保证防腐木材的使用寿命。

3）在连接木材时应预先钻孔，这样可以减少开裂。

4）防腐木材中使用的胶粘剂应是抗氧化性且防水的。

5）如需进一步保护木材防止开裂、变形或使用涂料来增加色彩的，一定要使用与防腐木材相应的木油，水性抗紫外线的涂料，使其保持原有的木纹及天然色调，但必须待木材干燥以后进行。

6）浸渍防腐木材含有防腐剂，故含水率较高，需烘干至含水率为20％左右或户外风干72小时以上方可使用。

7）正确的表面处理方法可以延长防腐木材的使用寿命并有效地防止开裂，可使用高品质的水封漆对其进行表面处理。

8）在搭建露台时尽量使用长木板减少接头，以求美观，板面之间留 5～10mm 缝隙。

9）厚度大于 35mm 的木方，为了防止其变形，可在其木芯的一面的中心线开一个宽度与深度均为 10mm 的小槽。

（5）正确的日常维护保养，可减少开裂、变形等现象的发生：

1）制作木质园林小品尽量选用硬质木材。

2）留有足够的时间用于木材的干燥、油漆和防腐处理。

3）在使用过程中应加强维护保养，每年雨季或冬季来临前，使用油漆等防护剂进行保养处理。